中医博士育儿经

0~6岁孩子喂养与护理全书

罗云涛 邓旭 /主编

黑龙江科学技术出版社

HEILONGJIANG SCIENCE AND TECHNOLOGY PRESS

图书在版编目（ＣＩＰ）数据

0～6岁孩子喂养与护理全书／罗云涛，邓旭主编
. -- 哈尔滨：黑龙江科学技术出版社，2023.9
（中医博士育儿经）
ISBN 978-7-5719-2090-6

Ⅰ.①0… Ⅱ.①罗… ②邓… Ⅲ.①婴幼儿—哺育②
婴幼儿—护理 Ⅳ.① TS976.31 ② R174

中国国家版本馆 CIP 数据核字 (2023) 第 133606 号

0～6岁孩子喂养与护理全书
0~6 SUI HAIZI WEIYANG YU HULI QUANSHU
罗云涛 邓旭　主编

出　　　版　黑龙江科学技术出版社
出 版 人　薛方闻
地　　　址　哈尔滨市南岗区公安街 70-2 号
邮　　　编　150007
电　　　话　（0451）53642106
网　　　址　www.lkcbs.cn

责任编辑　马远洋
设　　　计　深圳·弘艺文化 HONGYI CULTURE

印　　　刷　哈尔滨市石桥印务有限公司
发　　　行　全国新华书店
开　　　本　710 mm×1000 mm　1 / 16
印　　　张　14.25
字　　　数　200 千字
版次印次　2023 年 9 月第 1 版　2023 年 9 月第 1 次
书　　　号　ISBN 978-7-5719-2090-6
定　　　价　45.00 元

前言

　　每一位妈妈都会经历非常辛苦的十月怀胎，随着肚子一天一天变大，伴随着哇哇哭声，终于迎来了小宝贝，喜悦、兴奋和激动的心情难以形容。当孩子降临后，爸爸妈妈也会面临着各种育儿问题：宝宝每天应该喝多少奶？宝宝的大小便正常吗？宝宝怎么老是吐奶？宝宝咳嗽了，要不要去医院？宝宝发热了，该不该喝退热药？

　　做父母的，不懂一点基础的医学常识，是不足以照顾好宝宝的。如果父母不了解孩子的生理特点、脏腑特点、病理特点等，不熟悉孩子生长发育的规律，给予孩子不恰当的饮食和护理，生病时没有及时采取合理的治疗措施，孩子如何能健康成长呢？其实，孩子成长的过程，也是父母学习和成长的过程，父母需要了解和注意各方面的育儿问题，才能让孩子健康长大。

　　本书主要从中医角度讲述了儿童的生理特点、脏腑特点、病理特点，阐述了如何保养孩子的五脏六腑，如何提升孩子的正气（即抗病能力）；从饮食喂养、日常起居、能力发展等方面为父母讲述了儿童喂养方方面面的常识及注意事项，按照孩子每个阶段的成长变化、日常护理要点、日常喂养重点、宝宝可能出现的不适症状等进行详细讲解，让家长知道各个阶段的孩子应该怎么吃、怎样养；从中医的角度，以简单易懂的方式讲述了小儿常见病的辨证及中医调理方法，以图文并茂的形式介绍了小儿推拿的常用保健穴位及日常保健调理的方法，突出了中医保健的特色，并根据中医理论详细分析儿童六大体质及中医食疗调理，让家长掌握一些基础的中医育儿知识，知道如何科学地养护孩子，让孩子少生病、身体棒。

父母最大的心愿就是希望孩子健康平安，希望这本书能对您有所帮助，让您的孩子健康快乐地成长！

目录

• 第四章 儿童六大基本体质辨别及中医食疗调养 •

每一位爸爸妈妈都希望自己的孩子能够**健康快乐地长大，**

然而孩子在成长的过程中**难免出现**各种问题。

那么，如何能让孩子**少生病？**

作为家长，首先要正确认识并了解孩子的**生理特点，**

掌握孩子的生长发育特点，只有这样才能科学、合理地喂养，

让孩子**少受疾病的折磨。**

第一章

中医对儿童生长发育的认识

认识孩子的生理特点

孩子一直处于生长发育的过程中，无论是形体结构，还是生理功能等各个方面，都与成人不同。因此，我们不能简单地将孩子看成是成人的缩小版。

不同年龄阶段的孩子有不同的生长发育规律，表现出不同的生理现象。了解孩子的生理特点，有助于家长掌握孩子的生长发育规律，对孩子的具体体质及生长发育情况做出正确判断，在疾病的预防和日常保健方面起到重要作用。

中医学将小儿的生理特点概括为十六个字，即"生机蓬勃，发育迅速；脏腑娇嫩，形气未充"。

生机蓬勃，发育迅速

"生机蓬勃"是指孩子的生命力很旺盛；"发育迅速"是指孩子的生长和发育的速度非常快。

古人将人比喻为草木和太阳，孩童时期犹如初破土的草木、冉冉升起的初阳。在这个时期，孩子无论是在机体的形态结构方面，还是各种生理功能活动方面，都在不断地、迅速地向成熟和完善的方向发展。这种生机蓬勃、发育迅速的生理特点，在年龄越小的孩子身上表现得越突出，其体格生长和智能发育的速度非常快。

脏腑娇嫩，形气未充

"脏腑娇嫩"中的脏腑是指五脏六腑，娇是指娇弱，易受外界邪气的攻击，嫩是指柔嫩。"形气未充"中的形是指形体结构，即四肢百骸、肌肤筋骨、精血津液等；气是指各种生理功能活动，如心气、肝气、肺气、脾气、肾气等；充是指充实、旺盛。因此，"脏腑娇嫩，形气未充"是指孩子的五脏六腑还未发育成熟，生理功能也不完善。

孩子刚出生时，五脏六腑发育不成熟，需要先天的元气（主要以父母先天精气为根基）和后天的水谷精微之气来充养才能逐步生长发育。一般来说，女孩到14岁、男孩到16岁左右，才能基本发育成熟。因此，在整个小儿时期，都是处于脏腑娇嫩、形气未充的状态。而且，脏腑娇嫩、形气未充的生理特点在年龄越幼小的儿童身上表现得也越突出。

从脏腑娇嫩的具体内容来看，五脏六腑的形和气皆属不足，但其中又以肺、脾、肾三脏不足表现尤为突出。肺主一身之气，孩子肺脏未发育成熟，主气功能未健，而小儿生长发育对肺气的需求比成人更为迫切，因而称"肺脏娇嫩"。孩子的脾禀未充、胃气未动，运化能力弱，而孩子除了正常生理活动之外，还要不断生长发育，因而对脾胃运化输布水谷精微之气的需求较大，相对而言脾胃的负担也较重，故而脾常不足。肾为先天之本，主藏精，孩子的脏腑娇嫩，肾脏发育不成熟，肾气不足，需依赖后天脾胃不断地充养才能逐渐充盛，而儿童时期生长发育迅速，所需常显不足，故小儿肾常虚。

养好五脏六腑，孩子更健康

心——人体王国中的君主

我们可以把人体比作一个王国，中医认为心脏是人体王国中的君主，具有"主血脉"和"主神明"的作用，全身每一个动作和想法都需要心脏来处理。我们的精神意识、思维活动、各个脏器的协调运作都由心脏统一主宰。如果心脏出现问题，人体的各项机能就会紊乱，疾病也就会接踵而来。

孩子心脏较弱的表现

心脏的发育状况对身体的健康影响很大，一旦心脏负担过重，将会对身体产生难以预计的危害。那么，家长如何知晓孩子的心脏功能是否正常呢？

其实，想要判断孩子心脏功能的强弱，观察以下两个方面就可以知晓。一是看看孩子剧烈运动后的状态。如果孩子进行跑步等剧烈运动时出汗量较多，呼吸比较粗重，运动过后久不能平息，那么孩子的心脏功能可能比较弱。二是观察孩子的面色。孩子的面色比较苍白，看起来很虚弱，而且容易反复感冒，这些都可能和心脏较弱有关，如果出现这些症状，建议到医院做进一步检查。

小儿"心常有余"，常吃清心食物降心火

中医认为，小儿"心常有余"。所谓"心常有余"是小儿心气旺盛有余，从而保证了孩子生机蓬勃、发育迅速，但这也就预示着小儿在病理上容易出现心火亢盛、心火上炎的症候。有的小孩子五心烦热，咽干口燥，口舌生疮，易受到惊吓，易喜易怒，这些都是心火亢盛、心火上炎引起的。此时建议让孩子多吃些降心火的食物，尤其是夏天天气炎热的时候，吃些绿豆、芹菜、荷叶、莲子、苦瓜等，有助于降心火，让孩子心情舒畅。

养护孩子心脏的三大要点

从生活细节入手帮助孩子养护心脏

如果孩子的心脏功能较弱，家长可以从生活细节入手，帮助孩子养护好心脏。

让孩子保持平和的心态，少生气，少哭闹，有利于心脏发育。孩子的心气易动，心火容易亢盛，所以孩子的情绪波动会比较大，这样对心脏健康不利。家长应多关注孩子，多陪伴孩子，多培养能帮助孩子保持心境平和的兴趣爱好，比如画画、书法、棋类等都有利于修身养性。孩子心情不好的时候，家长千万不要简单粗暴地对待，应该想办法帮助孩子缓和情绪、舒缓心情。

养成午睡的习惯，有利于平息心火。午时（11~13点）心经当令，阳气最盛，阴气最弱，这时让孩子睡个午觉，可以养阴制阳，达到阴平阳秘的状态，对平息孩子旺盛的心火很有帮助。需要注意的是，午睡时间不宜过长，30~60分钟最佳。

正确的睡姿可促进血液循环，对心脏好。睡觉时采取仰卧位或右卧位对孩子的心脏最好。仰卧可以让孩子的身体充分舒展，有利于血液循环。但需要注意，仰卧时，如果孩子溢奶，容易呛住。所以，当孩子刚吃饱时，建议采取右侧卧位，因为左侧卧位睡觉时会压迫心脏。

居家注意多通风。有些家长因为孩子小，天气寒冷的时候不敢开窗，担心孩子受凉，但是门窗紧闭会导致室内空气不流通，氧气含量低，会加重孩子的心脏负担。天气好的时候，建议多开窗通风，保持室内空气新鲜。

正确运动增强心脏功能

大家都知道，经常在外面跑跑跳跳的孩子长得更壮，也不爱生病。为什么呢？这是因为，做一些力所能及的运动可以增强冠状动脉的血流量，增强心脏功能，还有利于提高身体的抗病能力。很多家长认为孩子还小，不适合经常运动，这种想法其实是错误的。家长可以根据孩子的具体情况和年龄，让孩子做一些适合自己的运动，例如跑步、游泳、爬山、跳绳等。但是如果在运动过程中发现孩子喘不过气来，应立即停止。此外，因为孩子的心脏功能发育不全，承受力较差，不宜做憋气锻炼和肌肉负重锻炼。

常按三大养心要穴，养心安神效果好

—— 劳宫穴 ——

劳宫穴属手厥阴心包经的穴位。因手掌为操劳的要所，穴在掌心，故名劳宫穴。按摩此穴位可提神醒脑、清心安神、有助睡眠。

◎**穴位定位：** 位于手掌心，第2、3掌骨之间偏于第3掌骨，握拳屈指时中指尖处。

◎**按摩方法：** 用拇指指端稍用力按揉孩子的劳宫穴2~3分钟。

◎**功效：** 清心泻热、开窍醒神、消肿止痒。

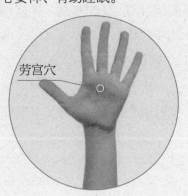

劳宫穴

—— 神门穴 ——

神门穴是手少阴心经的穴位之一，是心经气血物质的对外输出之处。按摩此穴位，能够辅助治疗心悸、心绞痛、多梦、健忘、失眠、心烦、便秘、食欲不振等病症。

◎**穴位定位：** 位于腕部，腕横纹尺侧端，尺侧腕屈肌腱的桡侧凹陷处。

◎**按摩方法：** 用拇指指端点按孩子的神门穴2~3分钟。

◎**功效：** 补益心气、宁心安神。

—— 内关穴 ——

内关穴是手厥阴心包经的一个非常重要的腧穴。按摩此穴位，有宽胸散结、宁心止悸、安神定志和镇静催眠的功效和作用，也可辅助治疗头晕、心痛、晕车等病症。

◎**穴位定位：** 位于前臂掌侧，曲泽与大陵的连线上，腕横纹上2寸，掌长肌腱与桡侧腕屈肌腱之间。

◎**按摩方法：** 用拇指指端垂直按压孩子的内关穴5~10分钟。

◎**功效：** 宁心安神、理气止痛。

肝——人体王国中的将军

中医认为，肝是人体王国中的将军，位于腹腔右侧，具有两大功能：一是主疏泄，二是主藏血。主疏泄是指肝能调节全身之气，保证气在全身顺利运行；主藏血是指肝负责储藏血液，相当于人体的血库，并调节人体各部位血量的分配。此外，肝还主筋，主管人体的肌腱和韧带，与人体的运动能力息息相关。肝血充足，身体强健灵活，不易疲劳。孩子脏腑娇嫩，很容易受到外界因素的影响，家长一定要注意保护好孩子的肝脏。

孩子肝脏受损的原因

孩子的肝脏好不好，与日常的生活习惯、生活方式以及生活环境等有关，家长需要督促孩子养成好的生活习惯，为孩子提供一个健康的生活环境，帮助孩子养护好肝。

睡前吃夜宵的习惯

有些孩子晚饭吃得比较早，睡前觉得肚子饿，于是养成了吃夜宵的习惯，甚至有些孩子睡前不吃点东西会觉得难以入睡。殊不知，在睡前大量摄入食物会给肝脏带来损伤，如果再吃一些难以消化的食物，无疑大大增加了肝脏的工作负荷，久而久之会损伤孩子的肝脏。

此外，如果睡前吃太多食物的话，会让脂肪在体内堆积，很容易导致肥胖，对孩子的健康非常不利。

一般晚上7点以后不建议再进食。如果孩子难以控制，家长可以准备一点干果、水果、奶制品等，但也要控制摄入量。

用眼过度

中医认为，肝藏血，开窍于目，眼睛之所以能视物，全都依赖于肝血的滋养。孩子的眼睛处于生长发育阶段，视力发育尚不完全，如果长时间看电脑、电视、手机，或打游戏等，会导致用眼过度而损伤肝血，眼睛就会出现干涩、视力减退、视物模糊等症状。

　　如果孩子经常玩电子产品，家长一定要适当控制时间，看手机、电脑、电视的时间每次尽量不超过25分钟。同时家长也要学会放下手机，和孩子多做亲子游戏，多带孩子去户外玩耍，多做运动。

睡眠时间不足

　　人体各部位的血液流量是随着人体的活动、情绪的变化以及外界因素的影响而有所改变的。当活动剧烈、情绪激动时，肝脏把贮存的血液输出，以供全身的需要，这时机体内血液的流量就会增加；当人在睡眠的时候，对血液的需要量减少，此时就有部分血液贮藏到肝脏。因此，《黄帝内经》云："人卧则血归肝。"所以，如果孩子睡眠好，就能使肝脏得到充分休息，有利于养肝血。

　　随着生活条件越来越好，孩子经常看电脑、看手机、看电视等，特别是到了节假日，很多孩子打乱了早睡早起的生活节奏，经常晚上11点还在玩闹，这样肝脏得不到休息，会引起肝脏血流相对不足，直接影响肝脏的营养及氧气的供给，抵抗力也会随之下降。

　　中医学认为23点至3点是胆经、肝经当令，也是肝脏修复、排毒的最佳时机，而这些必须在深度睡眠状态下才能进行。如果这个时候孩子还在玩闹，肝脏得不到休息，就会影响正常的肝胆排毒，使肝火上升、肝血亏虚，肝脏的免疫功能变差，长久下去，身体的"毒气"淤积，又会让肝胆不疏，造成不好的循环。所以，尽量不要让孩子玩得太晚，建议每天21点让孩子入睡，23点至3点正好进入深度睡眠，对养护肝脏、提高身体的抵抗力最好。

经常出现负面情绪

　　肝脏与情绪的关系非常密切，《黄帝内经》中提到："喜怒不节则伤肝，肝伤则病起，百病皆生于气矣。"由此可见，养肝首先要注重情志的调节。

现在的孩子学习压力比较大，父母望子成龙，对孩子的要求比较严厉，如果亲子关系不和谐，孩子长时间处于焦虑、烦闷、压抑的情绪下，肝气得不到抒发，长此以往对肝脏的损害很大，对身体健康非常不利。所以在日常生活中，家长要注意帮助孩子释放不良情绪，不要给孩子太大的压力，也不要把自己的理想强加给孩子，更不要动不动就数落、打骂孩子。孩子需要的是健康的亲子交流以及和睦温馨的家庭氛围，家长可以多带孩子一起进行户外运动，到户外呼吸新鲜空气。孩子心情舒畅了，肝脏才能平和，肝气畅通，身体抗病力就强了。

环境污染损伤肝脏

城市生活环境污染严重，空气中充满工业废气、汽车尾气、雾霾等。如果长时间处于这样的环境中，有毒的物质一旦进入体内，就会给肝的解毒排毒工作造成负担，同时损伤肝的功能。

居住环境要确保空气流通，注意通风换气，让室内外的空气保持流通。出现恶劣天气，例如雾霾、沙尘暴等天气时，出门前要记得戴口罩。另外，去一些污染比较严重的地方时，要戴好口罩，保护好肌肤。同时外出回家后，第一时间就要尽快用清水清洗一下皮肤，以尽量减少有毒物质的侵入。

平时多食用一些具有排毒、解毒功能的食物，可以帮助肝排毒，缓解肝的负担，如大蒜、海带、木耳等。另外，多吃新鲜的蔬菜、水果等，也有利于保肝解毒。

服药不当造成肝损伤

常言道"是药三分毒"，大多数药物服用之后都是通过肝脏来解毒，并由肝脏排出体外。因此，在日常生活中要特别注意服药不当对肝脏的损害，家长给孩子用药时一定要谨慎，特别是给孩子使用抗生素、退热药、抗过敏药物时一定要谨遵医嘱，避免乱用药，给孩子的肝脏带来损害。

肝火旺的孩子，可适当吃些清肝泻火的食物

有些家长反映孩子脾气较大，易烦躁、易激惹，出现坐不安稳的现象，晚上睡觉爱出汗，且睡眠不踏实、易惊醒等，食欲不佳，出现挑食、厌食、口苦等症状，精神较差，感觉乏力。其实这些症状可能是孩子肝火比较旺而导致的。中医理论谈及小儿"肝常有余"，就是说小儿肝气偏盛。孩子具有生长旺盛、发育迅速的生理特点，但是脏腑经络比较柔弱，气血尚未充盈，所以肝气易偏盛。一旦感受外邪，化热化火就容易引动肝风。

肝火旺的孩子，平时要多喝水，饮食要规律，少吃生冷刺激性食物，应给予清淡的新鲜蔬菜、水果。可以多给孩子吃点清肝泻火的食物，如苦瓜、芹菜、绿豆、西红柿、菠菜、黄瓜、雪梨、西瓜、柚子等。

五大养肝要穴，帮助孩子养肝护肝

—— 大敦穴 ——

大敦穴是足厥阴肝经的第一个穴位。"大"指大脚趾，"敦"是厚的意思，意指此处脉气聚结格外博厚。大敦穴最突出的功效是保养肝脏，按压大敦穴可疏肝理气、清肝明目。大敦穴在缓解焦虑、抑制情绪暴躁方面也具有非常好的效果，如果再配合太冲穴进行按揉，效果更好。

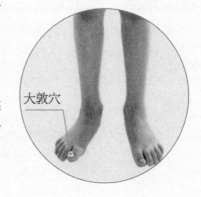

◎**穴位定位：** 位于大趾末节外侧，趾甲根角侧后方0.1寸。

◎**按摩方法：** 用拇指指腹分别按揉孩子两侧的大敦穴，顺时针、逆时针方向各按揉1~2分钟。

◎**功效：** 清肝明目、息风安神。

大敦穴

太冲穴

太冲穴为人体足厥阴肝经上的重要穴道之一，是肝经的原穴，相当于储存肝经元气的仓库。按摩刺激太冲穴，能很好地调动肝经的元气，能起到疏肝理气、平肝息风的作用，还能舒缓孩子的不良情绪。

◎**穴位定位：**位于足背侧，第1、2跖骨结合部之前凹陷处。

◎**按摩方法：**用拇指指腹分别按压孩子两侧的太冲穴，每穴每次按压5～8分钟，按压力度可稍大。

◎**功效：**行气解郁、疏肝理气。

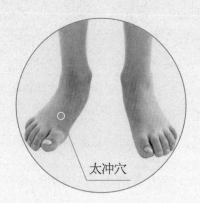

太冲穴

行间穴

行间穴归属足厥阴肝经，为肝经经气所溜之荥穴，具有清肝泻火、疏肝理气的作用，是治疗肝经实热之主穴、清肝泻肝之要穴。如果孩子的肝火较旺，出现易生气、暴躁、尿黄便结、口苦咽干等症状时，可以给孩子按一按行间穴，可以起到清肝泻热、凉血安神的作用。

◎**穴位定位：**位于大脚趾和二脚趾缝上。

◎**按摩方法：**用拇指指端分别按压孩子两侧的行间穴5秒钟，休息5秒钟再按压，反复按压20次。

◎**功效：**疏肝行气、凉血安神。

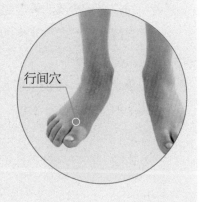

行间穴

肝，指肝脏；俞，即输送。肝俞穴为肝之背俞穴，为肝脉经气转输之处，是养肝不可缺少的养生要穴。经常刺激肝俞穴可起到疏肝利胆、理气明目的功效。

◎**穴位定位：**位于背部，第9胸椎棘突下，旁开1.5寸。

◎**按摩方法：**家长用拇指按揉孩子两侧的肝俞穴，每次按揉100~200下。

◎**功效：**疏肝利胆、养肝明目。

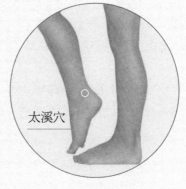
肝俞穴

太溪穴是肾经的原穴，是储存肾脏元气的仓库。肝属木，肾属水，树木需要水的浇灌才能健康成长，因此要保持肝脏健康，就要做好滋阴养肾的工作。经常按摩太溪穴，能更好地发挥肾脏的功能，从而促进肝脏滋养。

◎**穴位定位：**位于足内侧，内踝后方与脚跟腱之间的凹陷处。

◎**按摩方法：**家长用拇指按揉孩子两侧的太溪穴，每次按揉100~200下。

◎**功效：**滋阴养肾、濡养肝脏。

太溪穴

脾胃——人体王国中的仓廪之官

《黄帝内经》中记载："脾胃者，仓廪之官，五味出焉。""五脏者，皆廪气于胃，胃者，五脏之本也。"也就是说，脾胃相当于人体王国中管理粮食仓库的官吏，酸、甜、苦、辣、咸五种味道都是从这里产生的，人体五脏的营养也都是通过胃消化吸收食物而得来的。

中医认为，脾主管饮食在体内的全部消化过程，为身体的生长发育输送必需的营养物质。脾位于腹中部，有"主运化"和"主统血"的功能。

脾主运化，是指脾具有把饮食水谷转化为水谷精微，并把水谷精微和津液吸收、转输到全身各脏腑的功能。这是整个饮食代谢过程中的中心环节，也是后天维持人体生命活动的主要生理功能，所以脾也被称为"后天之本"。脾主统血，是指脾有统摄、控制血液在脉中正常运行而不逸出脉外的功能。

胃是人体非常重要的脏腑之一，主受纳，主通降。受纳，是接收和容纳的意思。我们吃进去的食物，经过食管，进入胃，由胃接收和容纳，暂存于胃中，故称胃为"太仓""水谷之海"，与脾并称为"仓廪之官"。胃中的饮食物经过初步消化，其中的营养物质依靠脾与胃的相互协调输送到人体各处。脾主升清，向上向外输送；胃主降浊，胃气推动还没有完全消化的食糜下传到小肠，进一步消化吸收。

孩子正处于快速生长发育阶段，对水谷精微的需要更加迫切，但是脾胃还很虚弱，如果不注重调理，很容易出现食欲不振、积食、消化不良、腹胀、腹痛、打嗝等症状。

孩子脾胃虚弱的表现

现如今生活条件越来越好，很多家长担心孩子营养不够，经常给孩子补充各种营养素，孩子爱吃的食物不加节制，导致很多孩子或轻或重都有脾胃虚弱的情况。脾胃虚弱可以简单理解为脾胃的能力跟不上，运化、受纳的功能得不到正常发挥。脾胃虚弱主要表现在三个方面：

- 第一：消化吸收不好。经常积食，食欲不振，吃进去的食物消化不了，孩子的睡眠也不会太好。
- 第二：肠道动力不足。年龄比较小的宝宝会出现肠胀气、肠绞痛，稍微大一点的宝宝会经常便秘，还有些孩子可能表现为大便淋漓不尽或者是经常肚子疼、拉肚子等。
- 第三：脾胃虚弱的孩子，皮肤也会有各种各样的问题，比如湿疹、痱子等。这是因为脾虚对水湿的运化能力不足，而这些湿邪又需要找地方发泄出来，最直接的就是皮肤了。此外，脸色也会异常，面部㿠白或虚浮，而健康的孩子面部是红润而有光泽感的。

脾主运化，胃主受纳，我们吃进去的食物要依靠脾胃来消化吸收，并将营养物质输送到五脏六腑。许多家长并不知道孩子的这些小毛病其实就是脾胃虚弱引起的，日常给孩子增加很多营养素，但实际上，如果孩子消化吸收不了，是没有任何意义的。更糟糕的是，如果孩子摄入的这些营养物质不能被脾胃消化吸收，反而会进一步损伤脾胃的功能，孩子的抗病能力也会越来越差。

导致孩子脾胃虚弱的原因

强迫孩子多吃。 随着人们生活水平的提高，很多家长认为，只要孩子喜欢吃、能够吃得下，多吃点对孩子的健康好。其实，孩子的胃容纳是有限的，如果超过孩子的承受范围，影响脾胃功能，长此以往就会对脾胃造成伤害。

吃寒凉食物。 现在的孩子可谓是娇生惯养，炎热的夏天很多家长会给孩子准备冰激凌、冷饮等来解暑。其实脾胃最怕寒凉，常吃这些冰凉的食物很容易伤脾胃。

缺乏运动。生命在于运动，若运动不足，孩子的脾胃自然衰弱。如今成年人越来越忙碌，都喜欢让孩子在家里玩，孩子长时间坐着看电视、玩游戏，久而久之就会导致食物集聚于肠胃，不利于食物的消化吸收，进而出现脾胃虚弱的情况。

情绪悲伤。父母对孩子的要求比较高，学习任务重，亲子关系不和谐，这些都会使孩子经常处于紧张的状态，产生焦虑、忧思等情绪，进而影响食欲及脾胃功能。一般说来，常常郁闷、太内向、压力过大的孩子更容易脾胃虚弱。

起居因素。中医提出，人体的脾胃喜温怕寒，换言之，寒凉为人体脾胃保养的大敌。若平时不加注意，夏季过度吹空调，冬季不注意保暖，这些都会对孩子的脾胃造成一定的不良影响。

改善脾胃虚弱，饮食调理很重要

从小养成好的饮食习惯

孩子的脾胃普遍较弱，很多家长不知道如何调理。其实，想要改善孩子的脾胃虚弱，首先要帮孩子培养好的饮食习惯。

饮食规律、有节制。孩子的脾胃比较娇弱，如果饮食没有规律，饥一顿饱一顿，对脾胃的伤害是很大的。因此，一日三餐应定时定量，不随意改变孩子的进餐时间和进餐量，这对养护脾胃十分重要。另外，孩子的饮食要有节制，孩子喜欢吃的东西不能随心所欲，想吃多少就吃多少，更加不能暴饮暴食。孩子自己不知道节制时，家长应监督好孩子，每一顿不宜吃得过饱，特别是晚餐，吃七八分饱即可。

不挑食、偏食。孩子常常偏食、挑食，会导致脾胃功能失常、运化失常，长期如此，人体各组织器官的水谷精微来源不足，各组织器官濡养不足，身体的抗病能力就会降低。如果孩子已经养成挑食、偏食的习惯，家长应采取有效措施帮助孩子进行改正。例如可以让孩子参与一起做饭，看到自己的劳动成果，孩子自然会对饭菜产生好感；也可以改变食物的形状，让食材变变身，做成孩子喜欢吃的花样；还可以适当饿一饿，不过家长的态度一定要坚决，等孩子饿了再给食物吃。

吃饭时细嚼慢咽。食物没有嚼烂就咽下去，脾胃就需要花费很多时间把大块的食物磨碎。因此，让孩子养成细嚼慢咽的好习惯，有利于脾胃功能的正常发挥，嚼得越细，对脾胃越好。

清淡饮食对脾胃好

脾胃本就喜欢清淡的食物，尤其是孩子的脾胃非常娇嫩，如果常吃口味较重的食物，会使脾胃功能失调。因此，家长帮孩子准备饮食时应尽量做到少盐、少油、少糖，多让孩子吃新鲜蔬菜和水果，荤素搭配适宜，粗粮细粮搭配着吃，这样才能营养均衡。

多吃些温热的食物

脾胃最怕寒凉，因此，家长尽量不要给孩子吃寒凉属性的食物，特别是在炎热的夏天，冰镇瓜果、冰镇饮料、冰激凌等五花八门的解暑食物层出不穷，家长一定要监督好孩子，这些寒凉食物吃得越多，脾胃就会越弱。刚从冰箱里拿出来的瓜果、酸奶等，建议在常温下放置一会儿后再给孩子吃。

细软的食物更好消化

脾胃虚弱的孩子消化吸收能力较差，所以日常饮食应以柔软、容易消化的食物为主，例如粥、汤、馒头、包子等。坚果类食物给孩子吃之前建议加工一下，可以磨成粉，或者打成浆，这样孩子吃进去以后更好消化，也更有利于脾胃的养护。

孩子脾胃虚弱，不妨试试捏脊

捏脊属于小儿推拿术的一种，具有疏通经络、调整阴阳、促进气血运行、改善脏腑功能以及增强机体抗病能力等作用，在健脾和胃方面的功效尤为突出。捏脊在临床常用于治疗小儿疳积、消化不良、厌食、腹泻、呕吐、便秘、咳喘、夜啼等症，此外也可作为保健按摩的方法之一。

捏脊的具体操作方法：

方法一：用拇指指腹与食指、中指指腹对合，挟持肌肤，拇指在后，食指、中指在前。然后食指、中指向后捻动，拇指向前推动，边捏边向项枕部推移。

方法二：手握空拳，拇指指腹与屈曲的食指桡侧部对合，挟持肌肤，拇指在前，食指在后。然后拇指向后捻动，食指向前推动，边捏边向项枕部推移。

上述两种方法可根据术者的习惯和使用方便而选用。

捏脊的穴位：

捏脊的穴位是夹脊穴，位于腰背部，第1胸椎到第5腰椎棘突下两侧，后正中线旁0.5寸，一侧17个穴位，左右共34个穴位。捏脊一般做5遍，每天或者隔天捏脊1次，6次为一个疗程。

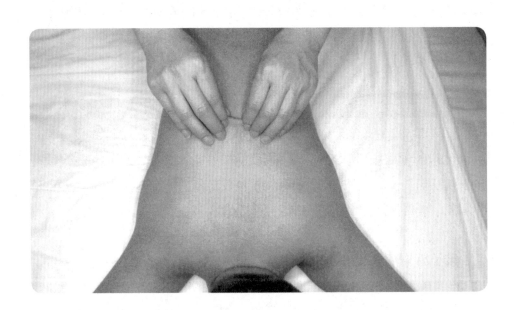

注意事项

- 本疗法一般在空腹时进行，饭后不宜立即捏拿，需休息2小时后再进行。
- 施术时室内温度要适中，手法要轻柔、敏捷，用力及速度要均等。捏脊中途最好不要停止。
- 体质较差的孩子每日次数不宜过多，每次时间也不宜太长，以3~5分钟为宜。
- 脊柱部皮肤破损，或患有疖肿、皮肤病者，不可使用本疗法。伴有高热、心脏病或有出血倾向者慎用。

肺——人体王国中的丞相

中医认为，肺是人体王国的丞相，位于五脏所处的最高位置，与外界直接相通，主管人体的呼吸，同时协助心脏调节人体内的气血和津液的运行。

肺有着"主气，司呼吸""主行水""朝百脉"等功能。"主气，司呼吸"是指肺是气体在人体内交换的场所，人体通过肺不断吸入清气、排出浊气。"宣发"和"肃降"是肺气运动的两种形式。"宣发"是指肺气向上、向外的运动方向，将浊气呼出，将津液往上散布到头面、皮毛；"肃降"是指肺气向下、向内的运动方向，将清气吸入，将水液往下散布到其他脏腑。

中医认为，气对体内的水液、血液有着推动和调节作用，而肺掌管一身之气，这就是"主行水"和"朝百脉"的功能所在。

肺覆盖在五脏六腑之上，与外界相通，所以最容易遭受外邪的入侵。家长都知道，孩子最容易患的就是感冒、咳嗽、哮喘、肺炎等呼吸道疾病，这就是孩子"肺常不足"的生理特点所决定的。因此，想要孩子少生病，养护好孩子的肺脏至关重要。

肺怕什么

肺是人体呼吸系统的重要器官，我们时时刻刻都需要呼吸，因此肺的健康非常重要。想要养好肺，先要知道肺怕什么。

肺怕大便不通

中医认为，肺和大肠经络相通，关系密切。具体来说，大便通畅有利于肺气下行。比如孩子患肺炎时，若大便不通，则热毒不能下泻排出，肺部的感染和咳喘会明显加重，所以治疗时都会兼顾通导大便，以使病情减轻、病程缩短。因此，预防便秘有利于肺气的宣通。平时可适当吃些芝麻、杏仁等，不仅能润肠通便，还具有养肺利肺之功。

肺怕燥

肺喜润恶燥，气候干燥时易耗伤津液，故常出现口鼻干燥、干咳无痰、皮肤干裂等症。秋季气候十分干燥，应少吃辛辣的食物，以免加重秋燥对人体的危害；宜食银耳、甘蔗、梨、百合、藕、杏仁、豆浆等，以润肺养阴。

肺怕寒

肺位于胸腔，经过气管、支气管与喉、鼻相连，因此寒邪最易经口鼻犯肺，使肺气不得发散、津液凝结，从而诱发感冒等呼吸道疾病。反复呼吸道感染可致人体抗病能力下降，或引发慢性鼻炎。

肺怕热

中医讲"肺为娇脏"，既怕寒又怕热。肺受热后容易出现咳、喘（气管炎、肺炎）等症状，肺胃热盛还可能导致面部起痘痘、酒糟鼻等。

肺怕雾霾、烟气刺激

中医学认为：胸中为"上气海"，丹田为"下气海"。气之所以能够运行于全身，均依赖肺气的推动作用。肺气还能注于心血管，帮助心脏推动血液运行。因此，肺气对身体健康至关重要。肺为娇脏，孩子的脏腑更为娇嫩，如果雾霾、二手烟等不时伤害着它，导致肺泡内痰饮积滞，阻塞气道，很容易导致感冒、支气管炎、肺炎等呼吸道疾病。

肺怕过度悲、忧

悲伤和忧愁虽不同，但皆为负面情绪。《黄帝内经》中说，"悲则气消""忧愁者，气闭塞而不行"，说明过度悲哀或忧愁最易损伤肺气，或导致肺气运行失常。因此，保持积极乐观的心态，对保护肺脏是极为重要的。

养肺要注意的生活细节

常欢笑

中医有"常笑宣肺"一说，大笑能使肺扩张，肺活量增大，使呼吸更通畅，有助于清理呼吸道。经常大笑，还能使胸廓扩张、胸肌伸展，有助于宣发肺气、宽胸理气、恢复体力。

重食疗

孩子很容易出现肺热或肺燥的情况，这也是为什么孩子会经常感冒咳嗽、咽喉肿痛、鼻出血的原因。中医认为，燥为阳邪，易伤津损肺、耗伤肺阴，因此在天气干燥的时候可以给孩子适当吃些清热润肺、养阴生津的食物，如梨、枇杷、蜂蜜、百合、银耳、白萝卜等。还可以给孩子吃些富含维生素A和维生素C的食物，如胡萝卜、圆白菜、猕猴桃、橙子等，既能清肺热，还可以提高呼吸道黏膜的抗病能力。富含膳食纤维的食物有很好的通便作用，对清肺热也十分有益，如木耳、芹菜、大白菜等。此外，饮食应以清淡为主，多喝白开水，少喝饮料，忌吃肥甘厚味、辛辣、油炸、烧烤等食物，这些食物会助热生痰，加重肺热。

多运动

想要强健肺脏，最好的方法是适当进行有氧运动。家长可根据孩子的喜好、身体差异等，选择适合孩子的锻炼方法，如慢跑、快步走、骑自行车、游泳等都是不错的选择。每次运动的时间不少于30分钟，每周3~5次，长期坚持能增强和改善心肺功能，提高肺活量。

勤喝水

多喝白开水，可以保持肺与呼吸道的正常湿润度，可以降低呼吸道分泌物的黏稠度，预防肺部感染，还可以增加血容量，促进新陈代谢和血液流动。特别是在干燥的秋季，每日至少要比其他季节多喝500毫升的水。

防雾霾

如今空气污染越来越严重，雾霾天经常出现，人体吸入空气中的污染物，轻者可引起支气管、肺泡的炎症，重者可引起中毒，甚或癌变。因此，空气污染严重的时候，家长一定要注意保护孩子的肺。雾霾天尽量不要带孩子外出，如果必须带孩子出门，需要戴好口罩，做好防护。从外面回来后应及时洗手、洗脸、洗鼻、换衣服，并主动咳嗽，清除呼吸道的污染物，减少肺部损害。雾霾天也要注意开窗通风换气，最好在10点和15点前后开窗通风，但时间不宜过长。

常按四大养肺要穴，孩子少咳嗽、不发热

中府穴位于人体胸腔，是肺气汇聚、集结、收藏之所。中府穴具有肃降肺气、和胃利水、止咳平喘、清泻肺热、健脾补气之功效，是调理内息的一个重要穴位，对于由肺功能不好引起的肺胀满、胸痛、咳嗽、气喘等症状，有很好的治疗作用。

◎**穴位定位：**位于胸外侧部，云门下1寸，平第一肋间隙处，距前正中线6寸处。

◎**按摩方法：**家长用拇指指腹稍微用力按揉孩子的中府穴2~3分钟。

◎**功效：**止咳平喘、清泻肺热。

尺泽穴

尺泽穴是手太阴肺经的合穴，具有清宣肺气、泻火降逆的功效。肺火大时，口腔和鼻腔呼出来的气都是热的，常表现为口干、口渴、疼痛，呼吸道分泌物为黄、黏、稠的状态。刺激尺泽穴可以有效降肺火，缓解这些不适症状。经常按摩此穴位还能预防感冒、缓解喉咙疼痛等。

◎**穴位定位：**位于人体肘横纹中，肱二头肌腱桡侧凹陷处。

◎**按摩方法：**家长用拇指指腹按住尺泽穴，稍微加深力度，保持10秒，然后松开，一压一松为一个循环，每次按摩3~5分钟。

◎**功效：**清肺泻热、宣肺利咽。

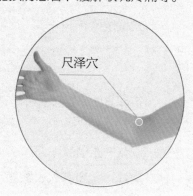

列缺穴

列缺穴归属手太阴肺经，与任脉相通，任脉本身就是"阳脉之海"，可滋养肺肾阴虚，因此按摩此穴有清风散热、宣肺解表、通经活络、止咳平喘等作用，是治疗伤风外感病的要穴，主治伤风外感、咳嗽、气喘、咽喉肿痛等疾病。平时按按列缺穴，还能有效防止肺脏受外邪侵犯。

◎**穴位定位：** 位于人体前臂桡侧缘，桡骨茎突上方，腕横纹上1.5寸，肱桡肌与拇长展肌腱之间。

◎**按摩方法：** 家长用拇指指端按住孩子的列缺穴，做横向推搓揉动，力度适中，每次按摩3～5分钟。

◎**功效：** 止咳平喘、宣肺散邪。

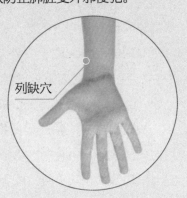

列缺穴

鱼际穴

鱼际穴为肺经荥穴，五行属火。"荥主身热"，故此穴具有清肺泻火、清热利咽之功效。因肺脏功能失调导致的痰多、咳血、咳嗽、咽喉肿痛等症状，刺激鱼际穴可以有效缓解。日常可以将两手相对，互相对搓，搓至鱼际穴处发热即可。这样可以增强肺功能，提高身体抗病的能力。

◎**穴位定位：** 位于第1掌指关节后凹陷处，约当第1掌骨中点桡侧，赤白肉际处。

◎**按摩方法：** 家长用拇指指腹按住孩子的鱼际穴，上下推动，每次按摩5分钟，以孩子感到酸胀为佳。

◎**功效：** 清宣肺气、清热利咽。

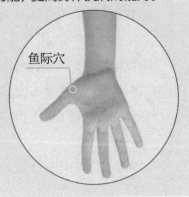

鱼际穴

肾——人体王国中的大内总管

中医认为，肾是人体王国中的大内总管，是整个人体王国的"定海神针"。肾的作用贯穿生命始终，是人的先天之本，可以平衡身体水液代谢，主骨生髓，养脑益智；肾气通耳，控制听力；还具有控制二阴的开合的作用，与人的生长发育、生殖有密切的关系。因此，孩子能不能健康成长，肾起到了十分重要的作用。孩子的肾精受于父母，出生之后依赖于水谷精微的濡养，孩子肾气不足多由先天禀赋不足或后天的营养失调而导致，表现为抗病能力下降、容易感冒、记忆力减退、手足冷、出汗、尿频等。如果孩子先天禀赋不足，后天的喂养要更加注重养好肾，肾精充盈，骨骼才能健康发育，头脑才能聪慧，孩子的抗病能力才能提高。

不良生活习惯导致孩子肾气不足

造成孩子肾气不足的主要原因是先天不足，但跟后天的喂养也有很大的关系。孩子的肾本就发育不完全，肾气尚不充盈，如果再后天喂养不当，对孩子的成长十分不利。生活中一些不好的习惯会伤肾，家长一定要注意。

孩子偏爱重口味，吃得咸

中医认为，咸味入肾，肾需要咸味滋养，咸味可补充肾气、调动肾气。咸味能补肾，那是不是吃的咸味越多肾就越好呢？答案是否定的，吃的咸味太多反而会伤肾。孩子喜欢吃零食，而很多零食的盐分比较高，不知不觉就会摄入过量的盐。调味品也含有较高的盐分，如果家长给孩子做饭加入较多的调味品，就容易使孩子摄入过多的盐分，加重肾脏的负担。

钙剂补充过量

现在的家长很担心孩子长不高，常常自行给孩子补充钙剂和维生素D制剂。孩子缺钙可以适当补钙，但若长期服用或短期大量地服用钙剂，会使血钙浓度升高，机体为了维持正常的血钙浓度，从尿中排出的钙就会增多，造成多尿、夜尿增多、烦渴，甚至肾结石的不良后果。而且长期过量补钙还可能引起便秘，造成高钙血症，引起恶心、呕吐、腹痛、乏力，导致异位钙化，引起心血管疾病等。

因此，补钙并不是多多益善。如果孩子只是轻微缺钙，建议通过食物补钙，进食含钙丰富的奶制品、瘦肉，以及新鲜的蔬菜、水果等。如果需要服用钙剂补钙，需要在医生的指导下选择适合孩子的钙剂和剂量，在治疗期间定期进行评估使用钙剂的疗效和安全性，特别是定期检查24小时尿钙、血钙和血磷，保证治疗的有效、安全。

经常喝饮料

很多孩子不喜欢喝白开水，觉得没什么味道，于是家长经常给孩子买饮料，认为饮料也含有大量的水分，喝饮料相当于喝了水。其实这种做法是不对的。大多数饮料中含有糖分、人工色素、香精和防腐剂等，这些物质进入人体后要经过肝肾代谢排出体外，儿童的肝肾功能还没有完全发育成熟，经常喝饮料无形中加重了肝肾的负担，导致肝功能或者肾功能异常。

冬季养肾正当时，日常起居顾护好孩子的肾

孩子正处于生长发育阶段，身体的物质基础的结构功能也都处于发育阶段，而且并不稳定。孩子的肾气除了要负担日常的职责，还要消耗很多的肾精去转化成肾气，促进生长和发育，这也就是孩子"肾常不足"的原因。冬季天气逐渐寒冷，寒为阴邪，容易损伤肾阳，所以冬季最适宜给

孩子补养肾气以固精敛阳。所谓"冬不藏精，春必病温"，说的就是只有在冬天把肾气补足了、精气藏好了，来年春天才不容易生病。利用冬天帮孩子养好肾，将阳气储藏充足，孩子才能顺利度过寒冷的冬天，为来年的生长发育做好准备。

注意防寒

冬季寒当令，寒为阴邪，易伤阳气。虚和寒会带来一系列的疾病，本身体质虚寒的孩子在冬季就更易遭受寒湿的侵袭。

进入冬季，家长首先注意的应是"大寒就温"，一定要注意为孩子保暖，使其免受寒邪侵袭。家长应及时为孩子加减衣物，要穿好袜子，同时要特别注意脚部和腹部的保暖。需要提醒家长的是，不能给孩子穿太厚的衣物。无论室内室外都把孩子裹得严严实实，一旦孩子出汗，就很容易受凉，这样反而增加了受寒的机会。通常来说，孩子跟大人穿一样多即可，活动量比较大的孩子甚至可以比大人穿得略薄。摸摸孩子的后颈，有没有热出汗或者有没有发凉，这就是最好的判断孩子是冷是热的方法。如果出门的话，要护好孩子的头、胸、腹、脚等部位，因为这些部位最易受到风寒邪气的入侵。

早睡晚起，保证充足的睡眠

睡眠是孩子养阳的最好方法，保证孩子充足的睡眠，是帮孩子潜藏阳气、蓄积阴精最简单、最有效的方法。家长可以让孩子早上床15分钟，晚上9点前就上床，确保在11点能进入深度睡眠。早上可以适当晚起，比如多睡15分钟，保证孩子上学不迟到就可以。早睡晚起，日出后再起床，这样才不会扰动阳气。

多运动，多晒太阳

冬天室外温度较低，很多家长担心孩子容易受凉，总让孩子待在暖和的室内，其实这样做是不好的。晒太阳是除了睡眠外，另一个补养阳气的好方法。中医认为，常晒太阳能助发人体的阳气。入冬后，自然界和人体都呈现阴盛阳衰的状态，家长常带孩子出门晒晒太阳，进行一些户外运动，能助发孩子体内的阳气，驱寒保暖。

多给孩子泡泡脚

寒冷的冬季，孩子的脚底常常冰冷，如果家长忽略了给孩子换上厚袜子和厚棉鞋保暖，寒邪就会慢慢侵入孩子体内。晚上睡觉前给孩子泡泡脚，可以起到很好的驱寒效果，中医有个说法叫"热水泡脚，赛吃人参"，这是因为足部有很多经络穴位，通过泡脚，可以使热量通过经络传遍全身。一般一周帮孩子泡一次脚，不需要天天泡，温水就可以，以孩子脚感温热为准。每次泡15～20分钟，以孩子微微出汗为宜。

孩子肾常不足，饮食帮助补肾气

肾藏精，主生殖，为先天之本。肾精首先来自于先天父母所赐，其次依赖于后天之本的滋养。因此，平时可以让孩子多吃些对肾脏好的食物，例如核桃、黑芝麻、黑豆、木耳、山药、莲子、羊肉、栗子、韭菜等，这些食物具有补肾益精、固肾补气的作用，家长可以在熬粥或者煲汤的时候放入以上食物，有助于补充肾气的不足。

此外，日常饮食建议吃一些富含蛋白质、富含B族维生素，以及富含钙的食物。这些食物能够为孩子提供营养，并能缓解肾气不足。

－山药－　　　　　－莲子－　　　　　－羊肉－

经常做"养肾操"，气血足，身体康

我们这里所指的"养肾操"是一套操作非常简单的运动，即梳发、弹耳及叩齿。

梳发	双手十指插入发间，用手指指腹从前到后按揉头部，每次梳头50~100次。梳头可以刺激头部经络和穴位，不仅可以疏通经络、促进气血顺畅，还可以起到补肾的作用。
弹耳	两掌心掩耳，将食指放在中指上，向下弹响10次，然后突然张口。每天早、晚各做2次。中医学说认为，肾主藏精，开窍于耳，耳朵上的很多穴位是主宰肾脏的，所以经常按摩耳朵可以起到固肾养肾的作用。
叩齿	叩齿之前要将牙齿清洁干净，上下牙齿轻轻叩击，发出清脆的声音。要注意叩齿的频率不要太快，保持节奏，每天早、晚可以各叩齿20~36次。常叩齿能健齿、充肾精，起到健肾的作用。

胆——人体王国中的中正之官

胆是六腑之首，在中医学中被称为"中正之官"。《黄帝内经》中记载："胆者，中正之官，决断出焉；凡十一脏，取决于胆也；肝合胆，胆者，中精之腑。"意思就是胆就像是主导公正、做出决断的中正之官一样。人体五脏六腑能否正常活动，取决于胆气的升发。肝与胆相互协作，胆位于肝脏内部，是储藏胆汁的器官。

中医认为胆具有储藏、排泄胆汁的生理功能。胆汁储藏在胆囊里，胆汁的正常分泌有助于人体的饮食消化。孩子的消化吸收功能本来就比较弱，如果胆再出问题，整个消化系统的功能都会受到影响，对孩子的生长发育非常

不利。由此可见，胆虽小，但对孩子的健康起着不容小觑的作用，家长平时也要帮助孩子养好胆。

这些生活细节易伤胆

爱吃零食	几乎所有孩子都喜欢吃零食，家长也不忍心控制，很多孩子因为吃多了零食，正餐就吃不下了，甚至不吃。这是错误的做法，也是相当不可取的。不规律的饮食既打乱了胃肠道的消化吸收功能，又影响了胆囊收缩和胆汁排出，胆汁黏稠度增加，易引发胆结石。
不吃早餐	不吃早餐是胆结石的最大诱因，人在早晨空腹时，胆汁贮存了一夜，胆固醇饱和度较高，如果不吃早餐，胆中的胆固醇就无法正常排出，进而引起胆固醇沉积，逐渐形成胆结石。
暴饮暴食	有些孩子沉迷于电视、游戏，应该吃饭时不吃饭，饿得肚子咕咕叫，甚至拿零食当饭吃，等过了吃饭点的时候又大吃大喝，不仅给肠胃增加负担，胆囊也会随之受到影响。
爱吃甜食	糖摄入过量，会加快胆固醇的积累，造成胆汁内胆固醇、胆汁酸、卵磷脂三者比例失调，胆功能易受损。
吃得太油	现在生活条件好了，很多家长喜欢做大鱼大肉给孩子吃，长期摄入高脂肪和高胆固醇，胆汁中胆固醇浓度会增加，有可能结出胆固醇结晶，形成结石。
吃得太素	吃得太素是指每天吃青菜，一点也不食用带脂肪的食物，这样也会引起胆结石。因为长期低脂饮食，会造成胆汁缺乏及营养不良，引起胆结石。
老生闷气	现在的孩子学习压力比较大，如果孩子老生闷气、长期压抑，找不到出口"泄洪"，就会导致肝气郁结、气滞，胆汁易瘀阻，易产生胆结石。

日常生活中如何养胆

坚持清淡饮食

想要把胆养好，饮食方面需要多加注意，平时不能吃口味太重的食物，辛辣的、油腻的食物尽量少吃，以避免胆囊过度紧缩，胆汁分泌增加，容易诱发急性胆囊炎。建议多吃温软、易消化的食物，有利于胆管平滑肌松弛，胆汁能够顺畅排泄。平时要给孩子多喝白开水，可以少量多次饮用，有利于稀释胆汁。

三餐要有规律，进食要适量

一日三餐建议定时定量，每餐不能吃得太饱，七八分饱就可以了，不能暴饮暴食。早餐要吃好，家长要控制孩子吃零食，更加不能用零食代替正餐。

三大养胆护胆要穴，家长要知晓

—— 阳陵泉穴 ——

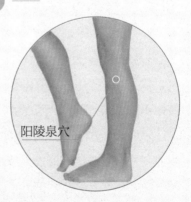

阳陵泉穴

阳陵泉穴是足少阳胆经的合穴，是气血汇集的地方，也是八会穴中的筋会，许多筋都汇集在这里。因此，刺激此穴有息风柔肝、清热利胆、舒筋通络的作用，历代医家都将之列为要穴。对于胆经蕴热或者蕴湿所造成的一系列症状，例如口渴、咽干、寒热往来、黄疸、呕吐、口苦、小儿惊风等，都可以刺激阳陵泉来治疗。

◎**穴位定位：**位于小腿部的外侧，腓骨小头前下方凹陷处。

◎**按摩方法：**家长将拇指置于孩子的阳陵泉穴上，用指腹垂直按揉两侧穴位，以出现酸胀的感觉为宜。每次按摩2～3分钟。

—— 丘墟穴 ——

丘墟穴为足少阳胆经上的主要穴位。中医认为丘墟穴具有疏肝利胆、理气开郁、解热退黄、通经活络的功效。丘墟穴通行胆经，从而调节胆经气机运行，对于胆经异常所产生的一系列症状，比如肝胆火盛引起的面红目赤、口干、口舌生疮、两胁胀痛、脾气烦躁、夜间睡眠不宁等，具有很好的治疗效果。

◎**穴位定位：**位于足背，外踝前下方，当趾长伸肌腱的外侧，踝跟关节间凹陷处。

◎**按摩方法：**家长用拇指指尖按揉孩子的丘墟穴，以出现酸胀的感觉为宜。用同样的方法按摩对侧的穴位。每次按摩2～3分钟。

丘墟穴

—— 胆囊穴 ——

胆囊穴是中医奇穴之一，最主要的作用就是利胆通络、保护胆囊，是人体当中一个非常好的护胆穴，胆囊部位的各种病症都可以通过刺激按摩胆囊穴来进行调理和缓解。

◎**穴位定位：**位于小腿外侧上部，当腓骨小头前下方凹陷处，阳陵泉穴直下2寸。

◎**按摩方法：**家长用拇指指腹按压孩子的胆囊穴，以出现酸胀的感觉为宜。用同样的方法按摩对侧的穴位。每次按摩2～3分钟。

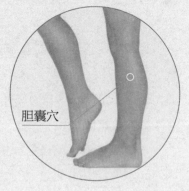
胆囊穴

肠——人体王国中的受盛之官和传导之官

肠道分为小肠和大肠。《黄帝内经》中记载："小肠者，受盛之官，化物出焉。""大肠者，传导之官，变化出焉。"受盛的意思是接受并盛放，传导是指大肠向下传输食物糟粕。小肠的上部与胃相通，下部连接大肠。经过胃初步消化的食物下传到小肠后，小肠对其进一步消化吸收，吸收后的精华物质输送至全身，未吸收的食物残渣下传到大肠；大肠接受小肠传导来的食物残渣，吸收其中水分后形成粪便，通过自身的蠕动，将粪便排出体外。由此可见，肠道具备消化、吸收营养和排泄的功能。肠道还是人体里最大的免疫器官，肠道健康对孩子的健康影响巨大，是保证孩子生长发育的重中之重。因此，家长要帮助孩子保养好肠道，预防疾病发生。

看便便，判断肠道健康与否

很多家长可能存在疑问：怎样判断孩子的肠道是否健康？其实，判断孩子肠道健康与否非常简单，只需要观察孩子的大便即可。孩子的大便是否规律、是干还是稀、是什么颜色等，这些都是孩子的身体发出的信号，家长如果能够正确识别正常和异常的大便，就能发现孩子的肠道是否健康、身体是否健康了。

健康的孩子排便次数一般会维持在一天两次或者是两天一次的频率，以金黄色为主，呈软膏状，但是对于一些喝牛奶或者是喝奶粉的孩子来说，便便颜色会稍微加深，而且便便也会稍硬，这些都是正常现象。只要孩子排便有规律，且大便的软硬度、颜色正常，就说明肠道是健康的；反之，如果孩子的大便干燥、恶臭或腹泻等，则说明孩子的肠道功能出现了问题，家长要引起注意，及时进行调治。

生活中如何养好肠道

养成规律的进食习惯

从添加辅食开始，最好每天固定饮食时间，从小养成规律进食的习惯，不仅能让宝宝吃饭更轻松，还可以使胃肠道正常工作。

养成良好的饮食习惯

肠道健康与否，和孩子的饮食习惯有很大关系，家长想要让孩子的肠道好，就要在饮食上下点功夫。一般来说，当孩子的消化功能逐渐成熟后，要少给孩子吃过于精细、高糖以及高油、高脂肪的食物，这些食物会减缓肠道蠕动，导致便秘，使毒素停留在肠道内无法排出，长此以往对孩子的健康十分不利。孩子每天饮食一定要保证营养均衡，奶类、蛋类、肉禽鱼、蔬菜、水果均要有所摄入，避免出现偏食、挑食情况。在食材的选择上，应尽量新鲜，尤其是肉类和海鲜，辅食制作一定要煮熟。

此外，平时可以多吃一些有益于肠道健康的食物，例如富含膳食纤维的食物，能够刺激肠胃蠕动，有利于排便，这类食物有芹菜、韭菜、香菇、豆角、红薯、菠菜、木耳、玉米、燕麦等；润肠通便的食物，这类食物有核桃仁、松子仁、芝麻等；富含有益菌的食物，可以改善肠道内环境，这类食物有奶酪、酸奶、发面食品等；可刺激肠道类益生菌增长的食物，如蜂蜜、香蕉、洋葱、芦笋等。

－红薯－　　　　　　－菠菜－　　　　　　－玉米－

适当运动

每天至少保证1小时户外运动，不仅有助于补钙，还可以促进肠道蠕动，孩子不容易出现便秘、消化不良等问题。

充足的睡眠

孩子不仅要睡好，还要睡饱。睡觉时大脑和身体能够得到充分的休息，肠胃的消化吸收功能也会增强，身体的免疫系统才能得到修复和调整，孩子也就不容易生病了。

居住环境不宜太干净

很多家长觉得孩子如果生活在一个绝对干净的环境中，没有细菌感染，就更不容易生病，身体也会更健康。其实，孩子的居住环境过于干净也不好。为什么这么说呢？因为孩子免疫系统的成熟依赖于"细菌"对免疫系统的正常刺激，如果孩子接触的东西太干净，孩子与细菌接触的机会就会大大减少，免疫系统得不到应有的刺激和锻炼，身体对病菌的抵抗力也就会降低。孩子如果换个环境，就很容易被细菌感染。因此，家长平时不需要使用大量的消毒剂来清洁房间，只需要做好日常清洁即可，千万不要过度追求无菌，这样反而不利于孩子的健康成长。

不滥用药品

俗话说得好，是药三分毒，药物或多或少都会含有一些不良反应，会让孩子的身体受到侵害，所以千万不要滥用药品，哪怕是补药，更加不能滥用抗生素。有些家长看到孩子感冒发热，就直接使用抗生素，其实抗生素只对细菌感染才有效，病毒性的感冒、发热使用抗生素起不到作用，反而会导致肠道菌群紊乱，使孩子的免疫力降低。因此，给孩子服用药物时，一定要遵循医嘱，切记不能乱用药。

必要时适当补充益生菌

益生菌是一类生活在人类肠道中对人体有益的细菌，比如双歧杆菌、嗜酸乳杆菌、酵母菌等，它们能在肠道内形成生物屏障，抑制有害病菌的繁殖，建立健康的肠道菌群，刺激孩子的免疫系统，提高免疫功能，同时也能促进消化吸收与肠蠕动。如果益生菌减少了，保护作用就会减弱，肠道内的微生态平衡就被打破了，孩子就可能出现腹泻等症状，这个时候家长就可以适当给孩子补充点益生菌。不过，目前市面上益生菌制剂的种类比较多，选择哪种产品、吃多长时间，建议先咨询儿科医生，家长切勿自行给孩子补充。

做做揉肚子操，调节肠道功能

很多家长都知道，当孩子肚子不舒服时帮孩子揉揉肚子，这样孩子就不会那么难受。揉肚子真的有那么好的效果吗？其实揉肚子就是腹部按摩，相当于肠道保健运动，可以疏通腹部经络，可以促进胃肠道的蠕动，促进食物的消化和吸收，有效改善肠道功能，对消化不良、食欲不振、便秘、腹胀等病症十分有效。

按摩方法：孩子平躺在床上，家长将双手搓热，可以隔着一层棉质薄衣物或直接接触孩子的腹部，以肚脐为中心，用整个手掌慢慢回旋按摩，大概两秒一圈，力量保持均匀，每次15分钟，以孩子感到腹部有温热感为度。

如果孩子平时大便偏稀、容易拉肚子、面色缺少光泽、手脚冰凉、容易出虚汗等，按摩时以逆时针回旋为主。

如果孩子平时大便偏干、容易便秘、有口臭、情绪易激动等，则需以顺时针方向按摩为主。

注意事项

- 孩子饥饿或刚吃饱时不宜按摩；
- 手法以柔软舒适为主，不可过分用力；
- 在按摩过程中，如果孩子产生饥饿感，或产生肠鸣音、排气等现象，属于正常反应，家长不要过于担心；
- 如果孩子患有肠炎、痢疾、阑尾炎等腹部急性炎症，不宜进行腹部按摩。

膀胱——人体王国中的州都之官

《黄帝内经》中记载："膀胱者，州都之官，津液藏焉。"意思是说膀胱是人体王国中负责管理"河流水利"方面的官员，它所关联的区域里藏有大量的津液。

膀胱位于人体小腹中央，是一个中空的囊性器官，其生理功能是储存和排泄尿液。人体内多余的水液及许多有害物质在肾脏的作用下转化为尿液，输送至膀胱，最后由尿道排出体外。膀胱要发挥储存和排泄尿液的生理功能，单打独斗是无法完成的，还需要肾脏的大力协助。中医认为，肾与膀胱相表里，肾主水，掌管全身的水液代谢，膀胱负责储存和排泄尿液，肾和膀胱只有相互配合、相互影响，才能维持人体的水液代谢。

孩子老憋尿危害大

很多家长都有过这样的经历，孩子说要尿尿的时候，需要立即带孩子去厕所，如果耽误一小会儿，孩子可能就会憋不住而尿裤子。为什么会这样呢？其实是因为孩子喜欢憋尿，当他提出要尿尿的时候，已经是憋不住了。这个习惯是很不好的，孩子经常憋尿不仅会降低膀胱黏膜抵御感染的能力，还会导致逼尿肌的增厚，使膀胱弹性降低，这就会导致膀胱中尿液没有办法排干净，出现尿频、尿急、尿不尽等问题。此外，如果经常憋尿，会导致小便异常，从而无法将体内有害的物质排出体外，容易滋生细菌，引起泌尿系统感染，严重的情况下还会诱发漏尿或者尿失禁等不适症状，或者发展为肾炎。因此，家长一定要让孩子养成有尿就排的好习惯。

如何帮孩子改掉憋尿的习惯

首先，家长需要正确引导。当发现孩子由于贪玩而存在憋尿的问题时，一定不要责骂孩子，否则会让孩子产生抵触情绪。家长应当心平气和地告诉孩子，憋尿是一种错误的行为，帮助他正确认识憋尿的危害。

其次，家长也要有意识地让孩子养成定时上厕所的习惯。在孩子出门前、上课前、睡觉前提醒孩子先排尿。孩子在玩游戏的时候，家长也要提醒孩子休息一会儿，先去排尿。如果孩子准备要参加活动，在开始之前一定要先去排尿，等活动结束后也要及时排尿，这样才有利于身体健康。慢慢地，孩子就会养成定时上厕所的习惯。

疏通膀胱经，促进新陈代谢，提高抵抗力

人体经络有很多，我们经常听到的有督脉、肝胆经、大肠经等，其中有一条很重要的经络——膀胱经。膀胱经上的穴位最多，有67个，其循行方向是从头到脚，经过前额、头顶、枕部、背部和下肢后正中线，最终到达足外侧的至阴穴。膀胱经是人体最大的一个排毒通道，通过刺激膀胱经，可以加快全身的血液循环和新陈代谢，把人体的废物从尿液中排出去。古人把膀胱经比喻成身体的藩篱，说它是抵御外界风寒的一个天然屏障，刺激膀胱经还可加强脏腑功能、调节精神情志、提高人体抗病能力。那么，膀胱经要如何疏通呢？什么时间操作比较合适呢？对于孩子来说，疏通膀胱经的最佳方法是捏脊。因为膀胱经经过背部的那段经络上分布着人体五脏六腑的腧穴，对调节脏腑功能十分有益。足太阳膀胱经于每天

15：00～17：00气血最旺，在这个时候去刺激它，能更快把身体里的毒素排出体外。

◎**穴位定位：** 背部膀胱经位于脊柱两边，沿背正中线旁开1.5寸。也就是腰部脊柱两边，第12肋骨以下。

◎**按摩方法：** 孩子俯卧，家长将拇指指腹与食指、中指指腹对合，拇指在后，食指、中指在前，自腰骶开始，沿脊柱交替向前捏捻皮肤，每向前捏捻三下，用力向上提一下，直至大椎穴为止，然后用食指、中指、无名指指端沿着脊柱两侧向下梳抹。每捏一遍、梳抹一遍为一组，每次捏5组。

三焦——人体王国中的决渎之官

三焦是藏象学说中的一个特有的名称，是六腑中最大的腑，也是最重要的一腑。三焦是一个虚拟的存在，是指所有脏腑之间的间隙。《黄帝内经》中记载："三焦者，决渎之官，水道出焉。""三焦不泻，津液不化。"意思是说三焦是人体王国中负责疏浚水道的官员，具有通利水道的作用。可以说，三焦是一个统管全身的大系统，将气血、经络、津液密切相连，维持脏腑各气的平衡和水液的运行，使得机体上下疏通。如果三焦不通的话，就会导致人体气血不通畅，津液不能正常生成和流动，体内的毒素排泄不出去，湿气、寒气以及瘀毒都无法代谢，各种病也就来了。因此，家长有必要帮助孩子调理好三焦，让孩子的健康得到保障。

三焦的功能及特点

三焦不是一个区域，而是三个区域，分为上焦、中焦和下焦。上焦主要指胸中，包括心、肺二脏；中焦主要指上腹部，包括脾、胃及肝、胆等内脏；下焦主要指下腹部，包括肾、膀胱及大小肠。古人通过观察自然界万物，类比到人体，形象地概括了三焦各自的特点，即上焦如雾、中焦如沤、下焦如渎。

上焦如雾是指上焦宣发卫气、敷布精微的作用。上焦接受来自中焦脾胃的水谷精微，通过心肺的宣发敷布，布散于全身，发挥其营养滋润作用，若雾露之溉，故称"上焦如雾"。因上焦接纳精微而布散，故又称"上焦主纳"。

中焦如沤是指脾胃运化水谷、化生气血的作用。胃受纳腐熟水谷，由脾之运化而形成水谷精微，以此化生气血，并通过脾的升清转输作用，将水谷精微上输于心肺以濡养周身。因为脾胃有腐熟水谷、运化精微的生理功能，故喻之为"中焦如沤"。因中焦运化水谷精微，故又称"中焦主化"。

下焦如渎是指肾、膀胱、大小肠等脏腑分别清浊、排泄废物的作用。下焦将饮食的残渣糟粕传送到大肠，变成粪便，从肛门排出体外，并将体内剩余的水液通过肾和膀胱的气化作用变成尿液，从尿道排出体外。这种生理过程具有向下疏通、向外排泄之势，故称"下焦如渎"。因下焦疏通二便、排泄废物，故又称"下焦主出"。

三焦关系到饮食水谷受纳、消化吸收与输布排泄的全部气化过程，所以三焦是通行元气、运行水谷的通道，可以说是人体健康的总指挥。

三焦不通的具体表现

三焦的通畅与否对孩子的生长发育的关系密切，如果孩子平时容易感冒、积食、便秘、食欲不振、遗尿等，可能是三焦不畅通所致。那三焦不通到底有哪些表现呢？

上焦不通	上焦不通的孩子容易感冒，平时怕风、怕冷，经常出汗，爱打喷嚏，经常咳嗽气喘，并感觉到胸闷。
中焦不通	中焦不通的孩子表现为体弱无力，消化功能比较差，经常感到腹胀，往往食欲不振、积食、容易口臭、牙龈红肿等。
下焦不通	下焦不通的孩子注意力和记忆力会比较差，活动或学习的时候感觉精力不足，平时易烦躁，情绪不太稳定，手脚冰凉，大小便频多，大便软稀，可能还经常尿床。

常按通治三焦的四个要穴，让全身之气畅通无阻

膻中穴

膻中穴是任脉上的重要穴位，是心包募穴（心包经经气聚集之处），是气会穴（宗气聚会之处），又是任脉、足太阴、足少阴、手太阳、手少阳经的交会穴，能理气活血通络、宽胸理气、止咳平喘，常刺激此穴位对辅助治疗呼吸系统、循环系统、消化系统病症有一定的帮助。因此，常给孩子按摩膻中穴有利于活血通络，让全身之气畅通无阻。

◎**穴位定位：**位于人体胸部正中线上，两乳头连线的中点。

◎**按摩方法：**家长用拇指指腹按摩孩子的膻中穴，力度以孩子稍微感觉有痛感为宜，每次按摩5～8分钟。

◎**功效：**宽胸理气、通经活血。

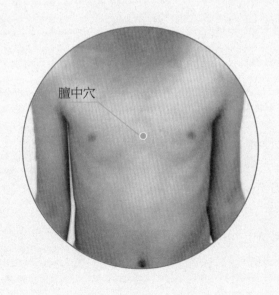
膻中穴

天枢穴

天枢穴是大肠经的募穴，也是胃经的要穴，是中焦气机升降的枢纽。它可以治疗很多与肠胃相关的疾病，比如便秘、腹泻、痢疾、腹痛、腹胀、胃胀、胃痛等。经常给孩子按摩此穴，可调节脾胃功能。

◎**穴位定位：** 位于腹部，横平脐中，前正中线旁开2寸，左右各1穴。

◎**按摩方法：** 家长用双手拇指指腹按压孩子左右两边的天枢穴，先做向下按压的动作，然后按揉，顺时针、逆时针各揉200次。

◎**功效：** 理气健脾、通经活络。

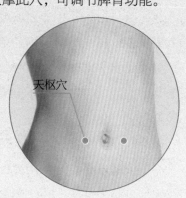

天枢穴

阴交穴

阴交穴属任脉穴，是任脉、冲脉、足少阴肾经的交会穴。"阴"，阴水之类也；"交"，交会也。阴交穴位于脐下1寸，此处正为肾间元气所居之处，刺激此穴位能调补下焦元气、通利小便。

◎**穴位定位：** 位于人体的下腹部，前正中线上，当脐中下1寸。

◎**按摩方法：** 家长用拇指指腹按摩孩子的阴交穴，力度以孩子稍微有痛感为宜，每次按摩5~8分钟。

◎**功效：** 补肾益气、温补下焦。

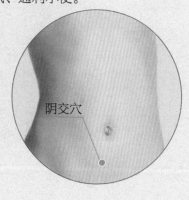

阴交穴

气冲穴既是胃之气街，又是奇经八脉之冲脉的起始处。《难经》有云："冲脉者，起于气冲，并足阳明之经，夹脐上行，至胸中而散也。"冲脉自上而下经历上中下三焦，是五脏六腑、十二经脉之海，五脏六腑都受其气血的滋养。气冲穴是冲脉的起始处，主三焦，其主要功能为调理三焦、理气调经、调理冲任。常刺激此穴位，对消化系统、生殖系统以及泌尿系统病症有一定的辅助治疗效果。

◎**穴位定位：**在腹股沟稍上方，当脐中下5寸，距前正中线2寸。

◎**按摩方法：**家长用拇指指腹按摩孩子的气冲穴，力度以孩子稍微感觉有痛感为宜，每次按摩5~8分钟。

◎**功效：**行气止痛、通经活络。

气冲穴

提升正气，孩子不生病、身体好

什么是"正气"

正气是中医学中最重要、最基本的概念之一，是指人体的机能活动（包括脏腑、经络、气血等功能）和抗病、康复能力。

家长们对西医的免疫系统比较了解，知道免疫系统具有防御、维持机体内在平衡、免疫监督三大功能，而免疫力就大致相当于正气的抗病能力。

中医学认为，正气亏虚是疾病发生的内在根据，因此非常重视人体正气在疾病发生过程中的重要作用。《素问·刺法论》说"正气存内，邪不可干"，即正气充盛，抗病力强，致病邪气难以侵袭，疾病也就无从发生。

正气存在于人体脏腑、经络、气血中，它就像一名巡逻的士兵，监督着机体各环节的运作，当身体出现异常的状况时，就会调配相应的组织来抵御外来侵略物质，从而起到干预、修复的作用。因此，正气能够抵御外邪的入侵，提高机体抗病能力，维持气血畅达，维持机体阴阳平衡，保证机体内环境的稳定性。

反之，当人体正气不足，或正气相对虚弱时，抵抗外部邪气的功能低下，邪气就可能乘虚而入，导致机体阴阳失调，脏腑经络功能紊乱，以致引发疾病。故《素问·评热病论》说："邪之所凑，其气必虚。"

提升正气的关键在于顾护脾胃

自出生至成年，人体的正气呈上升趋势。孩子出生时普遍正气不足，但随着年龄的增长，正气变得越来越充盈，直到成年，身体方方面面都会有很大的变化，如体重、身长、动作、语言等方面，同时脏腑功能也在不断地完善和成熟。

中医学临床诊治疾病十分重视脾胃，常把"顾护脾胃"作为重要的治疗原则。脾为后天之本，主运化水谷精微，为气血生化之源。孩子生长发育迅速、生长旺盛，对营养精微的需求比成人多，但孩子的脾胃较弱，而且不知饮食自节，稍有不慎就会损伤脾胃，导致脾胃的运化功能失调，此时各种疾病都可能找上门来，呕吐、积滞、泄泻、厌食、积食、便秘、腹泻等都与孩子脾失运化、体内正气不足有关。如果长期饮食不当，脾胃便会受损，正气就会削弱，人就变得容易生病。所以，想要帮助孩子提升正气，增强孩子的体质，让孩子少生病，合理调养脾胃非常重要。

孩子正气不足的原因

有些家长觉得自己的孩子比别人家的孩子更容易生病，特别是季节更替的时候，这种情况更加明显。为什么有的孩子爱生病，有的孩子身体棒？

归根结底，还是与孩子体内的正气有关。体内正气足，抵御外邪的能力强，抗病能力也就强。那究竟是什么原因造成孩子的抗病能力弱呢？

孩子的抗病能力弱的原因可以分为两大类，即先天因素和后天因素。先天因素主要是指遗传因素，即家长自身有遗传病，或者家长本身体弱，抗病能力低下，或属于过敏体质等，这样父母的先天之精在很大程度上影响了孩子的抗病能力。此外，家长大龄生育、双胞胎或多胞胎、孩子不是足月顺产等均会影响孩子的抗病能力。

除了先天因素，后天的调护对孩子的抗病能力也起到了较大的作用。常见影响孩子抗病能力的后天因素有：

- 每顿吃得饱饱的，还经常吃寒凉的食物，常喝冷饮、吃冰激凌等；
- 孩子偏食、挑食，日常营养补充不够全面；
- 饭后喜欢跑跳，影响脾胃的消化功能；
- 居住环境的空气不流通，特别是在寒冷的冬天，没有及时开窗通风；
- 长期情志不畅，不开心；
- 长期服用凉茶，不合理使用抗生素、抗病毒药物等。

学会"治未病"，让孩子少生病

"治未病"是中医治则学说的基本法则，最早源于《黄帝内经》，其含义主要有三层：一是未病先防，预防疾病发生；二是已病早治、既病防变，强调早期诊断和早期治疗，及时控制疾病的发展演变；三是病后调护，痊愈后防止疾病的复发及后遗症。其中，未病先防是很重要的。

孩子生病基本上离不开呼吸系统疾病和消化系统疾病两大类。其中，呼吸系统疾病能占到80%，大多是咳嗽、喉咙发炎、气喘、发热、气管炎、肺炎、哮喘等；消化系统疾病主要有食欲不振、呕吐、肚子痛、便秘、腹泻等。其实这些疾病都是可以预防的，想要孩子少生病、不生病，"未病先防"就显得更加重要。

在中医理论中，很早就把五脏类比于五行，其中土和金分别代表五脏中的脾和肺，即消化系统和呼吸系统，并且有"脾土生肺金"的理论。由此可见，如果患上呼吸系统相关疾病，表明对消化系统的呵护不够，因此解决孩子爱生病的关键在于脾胃的调理。

脾胃承担着运输物质、消化吸收并给其他脏器提供营养的工作，但孩子的脾胃功能还处于稚嫩的状态，此时家长要特别呵护孩子的脾胃，根据孩子的自身情况进行饮食调节，使脾胃无伤、元气充足、健康生长，同时能预防疾病的传变，增强抗病能力，不易为邪气所侵。

生长发育是人体的一个**重要生命现象**，
贯穿于整个儿童和青少年时期。
掌握孩子生长发育的特点，
了解孩子生长发育的**过程**，
家长才能**有效**地进行指导，
促进孩子**健康成长**。

第二章

0~6岁孩子的
生长发育过程

孩子生长发育的特点

孩子生长发育的特点主要有连续性、阶段性、不平衡性，以及个体差异性。因此，我们需要根据孩子的具体情况，判断其是否处于正常发育阶段，如果出现异常情况，需要在医生的指导下及时改善。

阶段性

儿童生长发育存在明显的阶段性，不同阶段的发育速度不同，如儿童在青春期以及1岁之内，生长发育相对较快，比其他时期有明显的身高、体重的发育。

在生长发育中，各功能的发育由低级到高级、由简单到复杂。例如，用手拿东西，4~5个月的婴儿是用整个手张开去抓，之后逐渐会用拇指和食指去捏取小的物品。

连续性

孩子的生长发育是连续不断进行的，有时快，有时慢。在体格方面，年龄越小，生长速度越快。出生后半年内生长发育最快，半岁以后生长速度减慢，到青春期又增快。在每一个阶段儿童的发育可能会有所差异，但呈持续发展的情况。如果儿童出现长时间的生长停滞，要高度重视，需要及时分析原因并进行处理。

不平衡性

在孩子生长发育过程中，各个器官、系统发育不平衡。脑子的生长发育先快后慢，一般是在3岁之内发育较快，3岁以后逐渐减慢；呼吸、循环、消化、泌尿、肌肉及脂肪的发育与体格生长比较平行；而生殖器发育先慢后快，幼儿时期发育并不明显，青春期时发育明显增快；皮下脂肪在婴儿时期增加比较快，以后减慢，青春期又稍微快些，这在女孩表现更为明显。

个体差异性

孩子的个体差异主要与遗传和环境等因素有关，如同性别、同年龄的孩子，会存在身高、体重、神经方面的差异，同时神经心理发育也并不完全同步。

孩子的体格发育过程

颅骨和头围的发育与增长规律

孩子颅骨的发育与脑的发育有关。刚出生的孩子，颅骨并不是一块完整的骨头，而是由多块骨骼组成，还没有融合在一起。我们用手轻轻触摸时，可以摸到孩子头上有两块软软的地方，这就是囟门。

囟门有前囟、后囟之分。前囟是额骨和顶骨之间的菱形间隙，位于头顶靠前位置，宽度为1.5～3.0厘米；后囟是顶骨和枕骨之间的三角形间隙，位于头后方，宽度约0.5厘米。后囟门约25%儿童在初生时已闭合，其余也应在生后2～4个月内闭合；前囟门应在生后12～18个月内闭合，过早闭合不利于大脑发育。

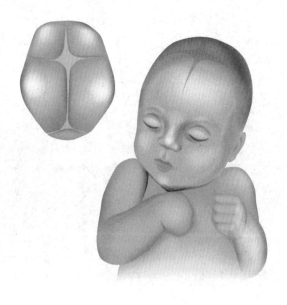

囟门摸上去软软的，好像只有一层薄膜，很多家长不敢碰触。其实，囟门这层保护膜可以保护好孩子的大脑，正常洗头、理发等完全不会伤害大脑的。不过，由于囟门只有一层保护膜，家长平时需要对孩子的囟门给予保护，例如，外出时给孩子戴个帽子，避免囟门受风；不要用手去按压囟门；避免坚韧的指甲或梳子等划伤囟门；不要剧烈摇晃孩子等。这些行为都有可能引起孩子的不适，甚至对大脑发育不利。

很多家长担心孩子的囟门提早闭合，影响大脑发育。其实，孩子的大脑和颅骨发育情况可以通过测量头围来判断。

测量方法：测量头围时要用软尺，用左手拇指将软尺零点固定于头部右侧齐眉弓上缘处，软尺从头部右侧绕过枕骨粗隆最高处而回至零点，读取测量值。测量时孩子应脱帽，长发者应将头发在软尺经过处上下分开。软尺紧贴皮肤，左右对称，松紧适中。

头围过小、过大或增长不正常，家长都需要引起重视，及时找儿科医生进行检查。一般来说，头围过小或者不能正常增长，可能是头小畸形或脑发育不全；头围过大或突然增长过快，可能是脑积水、佝偻病等。

婴幼儿平均头围

- 新生儿头围约为34厘米
- 满3个月约为40厘米
- 满6个月约为43厘米
- 满1周岁约为46厘米
- 满2周岁约为48厘米
- 满5周岁约为50厘米
- 满15周岁为54~58厘米

大脑的发育过程

大脑的发育是否正常，直接关系到孩子的智力发展。很多家长非常重视孩子的智力发育，但对大脑的发育过程却并不了解。

大脑的发育分为两个阶段：

第一个阶段，从怀孕到孩子出生，这个阶段我们称为大脑长数量的阶段。当婴儿出生时，大脑已经有100亿~180亿个脑细胞，接近成人。也就是说，婴儿从胚胎到出生，大脑细胞的数量就已经长好了。

第二个阶段，宝宝出生以后，大脑就进入了生长发育的时期。孩子刚出生时，脑的重量为350~400克，大约是成人脑重的25%。虽说大脑在外形和基本结构上已和成人很接近，但在功能上还差得多。孩子出生之后，脑细胞的体积会快速长起来，由神经细胞连接的"突触"开始形成，突触的数量在3个月的时候达到高峰，到3个月时灰质脂肪沉积完成，6个月时DNA含量停止增加，到12个月，少突神经胶质细胞达到成人的70%，3岁时小脑发育基本成熟，3~4岁时神经髓鞘化基本完成。

实际上，人类大脑成长最快的时期是在出生后3个月内，大脑的尺寸可以达到成人的一半以上。其中，参与运动的大脑区域发展最快，而那些与记忆相关的大脑区域发展相对缓慢。

牙齿的发育过程

很多家长可能不知道，当孩子还在妈妈肚子里的时候，牙齿就已经开始在发育了。在胚胎第5~7周，孩子口腔的位置会有一层上皮增生，这层上皮增生逐渐形成牙板。牙板内陷向下突起，细胞增生分化，形成一个个小圆球，这就是乳牙胚。不光是孩子的乳牙胚这么早就形成了，有些恒牙的牙胚在胚胎4个月的时候也开始发育了。因此，妈妈在孕期如果缺乏营养，可能会影响孩子的乳牙牙胚和恒牙牙胚的发育。

一般来说，孩子出生6个月左右开始萌出第一颗牙齿，直到2岁半左右，全部乳牙萌出完毕。孩子的乳牙一共有20颗，有切牙、尖牙、磨牙三种形态，从正中间向两侧分别是乳中切牙、乳侧切牙、乳尖牙、第一乳磨牙、第二乳磨牙。

每个孩子出牙的时间和顺序会有不同。一般情况下，孩子正常的出牙时间是6~10个月，但也有的孩子快1岁了牙齿还没有露出头来，还有的孩子出生后4个月就萌出第一颗牙。这种差异是正常的，家长不用过于担心，只要在个体差异的范围内，先后都属正常。但若孩子超过1周岁还没有长出第一颗乳牙，或过了3周岁牙还没有出齐，家长应带孩子去看牙医。

到6岁左右，孩子的乳牙开始更换成恒牙。换牙从6岁左右开始，12~13岁告一段落。个别牙齿萌出顺序略有差异，都是正常的。

乳牙萌出和换牙时间表

	牙齿名称	出牙时间	换牙时间
	切牙	8~12个月	6~7岁
	侧切牙	9~13个月	8~9岁
上	尖牙	16~22个月	11~12岁
	第一磨牙	13~19个月	10~11岁
	第二磨牙	25~33个月	10~12岁
	切牙	6~10个月	6~7岁
	侧切牙	10~16个月	7~8岁
下	尖牙	17~23个月	9~10岁
	第一磨牙	14~18个月	10~12岁
	第二磨牙	23~31个月	11~12岁

体重的增长规律

体重是衡量婴幼儿体格发育和营养状况的重要指标之一。我国正常新生儿的平均出生体重为3.0~3.3千克，大多数新生儿出生后会出现生理性体重下降，3~4天时达最低点，7~10天可以恢复到出生时的体重，体重下降最多的可达200~300克。生理性体重下降的原因多半是新生婴儿不能立即适应母体外的环境，表现为多睡少吃、吸乳不足，而肺和皮肤又蒸发大量水分，大小便的排泄也相当多，从而导致体重减轻。如果体重下降太多或10天以上尚不能恢复到出生时体重，就应查找原因，分析是否由于母乳不足、喂养不合理或患病等因素所致，及早采取措施。

婴幼儿体重增长规律

年龄	体重增长
出生后4~7天	比出生时减轻200~300克
满月时	平均增重1.0~1.1千克
2个月	平均增重约1.2千克
3个月	平均增重约1.0千克
4~6个月	平均每月增重0.45~0.75千克
7~12个月	平均每月增重0.22~0.37千克
1~2岁	全年体重增长2.0~2.5千克
2岁以后至青春期前	每年增重约2.0千克

总的来说，孩子出生后头3个月体重增长速度最快，以后随月龄增长而逐渐减慢。一般出生后3个月的体重约为出生体重的2倍，1周岁时体重约为出生体重的3倍，2岁孩子的体重应为10~12千克，3岁小儿的体重应为12~14千克。

对婴幼儿来说，体重与喂养有着很大关系。体重增长过快常见于肥胖症、巨人症，体重低于平均值85%以下者为营养不良，家长都应引起重视。

需要说明的是，同年龄、同性别的孩子体重的增长也存在着个体差异性。因此，要评价孩子的生长状况，建议定期连续监测体重，这样才能比较准确地发现体重增长过多或不足，再寻找原因，并及时调整喂养方案。

体重测量频率

- 6 个月以内的婴儿建议每月一次
- 6 ~ 12 月每 2 月一次
- 1 ~ 2 岁每 3 个月一次
- 3 ~ 6 岁每半年一次
- 6 岁以上每年一次

博士悄悄话：测量体重，应在空腹、排空大小便、仅穿单衣的状况下进行。

身高的增长规律

孩子的身高问题也是家长非常关注的。身高即身长，是指从头顶至足底的垂直长度。身高的增长规律与体重增长非常相似，年龄越小增长越快。一般足月出生的新生儿身长约50厘米，前6个月每月增长约2.5厘米，后6个月每月增长约1.5厘米，1周岁内以逐月减慢的速度共增长约25厘米；第2年全年增长约10厘米；2周岁后至青春期前，每年增长5 ~ 7厘米。

测量身高的方法

一般3岁以下小儿量卧位时身长，3岁以上小儿测量身高时，应脱去鞋袜，摘帽，取立正姿势，枕、背、臀、足跟均紧贴测量尺。

影响身高的因素有多种，如遗传、营养、运动、疾病等，但起决定性作用的还是骨骼的发育情况，特别是颅骨、脊柱和下肢骨骼与身高的关系最为密切。婴儿期头部骨骼生长最快，到了青春期则是下肢骨骼增长最快。

孩子的智力发育过程

感知发育

视感知的发育

视力是指视网膜分辨影像的能力，孩子的视力发育也是从胎儿期开始的。早在妈妈怀孕第4周，孩子的眼睛就开始发育了，视觉就已形成。此时，胎儿的眼睛很小，而且被一层皮层包覆着。之后4~5个月，眼神经、血管、水晶体和视网膜开始发育，到第6个月末，胎儿的眼睛已有很大的发展，在出生时眼睛的结构已经形成。

出生以后，宝宝的视力逐渐发育完善，6~7岁逐渐达到成人视觉状态，8岁以后眼部反射已经很稳定，视力发育基本结束。

孩子视力发育规律

年龄	视力发育情况
出生时	视物范围在25厘米以内，视野狭小，上下不超过15°，左右不超过30°
2个月	视野增大，两眼能同时追视人的动作

3个月	可追视移动的小物体，头眼协调好
4个月	可以看自己的小手，会伸手摸看到的东西
6个月	能转动身体协调视觉，双眼可以对准焦点，眼球发育逐渐成熟，可以分辨不同的方向
9个月	视力大约有0.1，能较长时间地看3.0~3.5米内的人物活动
1岁	视力大约有0.2，视野宽度慢慢接近成人
1.5岁	能注视悬挂在3米处的小玩具
2岁	能区别垂直线与横线，目光会跟踪落地的物体
3岁	视力大约达到0.6，有精细的视觉反射运动
4岁	视力大约达到1.0
6岁	视力已逐渐成熟，视力的清晰度增加，基本达到成人的水准

听感知的发育

孩子的听力发育和视力发育一样，也是在胎儿期就已开始了。胎儿3个月时就能听到妈妈体内的声音，5个月时就能听到母体外的声音，此时就可以开始进行胎教了。

孩子听力发育规律

1个月：大部分的孩子在出生24小时后对于听觉1或2次的刺激就可以产生反应，对大人说话的声音也会很敏感。在一周后，孩子会密切留意观察人类的声音，也会对噪声非常敏感。觉醒的状态下，在孩子身旁说话时，孩子会转动眼和头寻找声源。

2个月：此阶段孩子对声音的反应会十分敏锐，不论是对熟悉或者是陌生的声音，都会做出不同的反应。家长可以轻声地和孩子说说话，或者放一些轻柔的音乐给他听。

3个月：家长用语言引逗孩子时他能够听到，并做应答式的回答，如

"哦""唉""啊"等。妈妈平时可以多抽点时间有感情地讲故事给宝宝听，用温柔好听的声音吸引宝宝的注意力，宝宝也会晃动手脚等积极地回应。

4~5个月：能够分辨熟悉和不熟悉的声音，听到妈妈的声音会特别高兴，眼睛会朝着发出声音的方向看。孩子可以辨别出不同的音色，可以区分出男声和女声，对语言中表达的感情已经很敏感，能做出不同的反应。

6~7个月：能够模仿声音，当家长叫孩子的名字时，孩子听见后会转向家长并友好地微笑，表示应答。

8~9个月：能理解简单的语言，可逐渐根据声音来调节和控制行为。能区别语声的意义，逐步学会倾听声音，而不是立即寻找声音的来源。

10~12个月：能对简单的语言做出反应，能够听懂自己的名字，能够随着音乐摆手。听到大人的指令能正确指出自己的五官，如眼睛、耳朵、鼻子等。

2岁：能听懂简单的吩咐。

4岁：听觉发育已完善。

运动发育

孩子的运动发育依赖于视觉感知的参与，与神经、肌肉、脊柱的发育有密切的联系。孩子的运动发育过程一般可以分为大运动和细运动两大类。运动发育需遵循一定的规律，如老一辈人常说的"三翻、六坐、八爬、十站立"，就是他们总结出来的孩子大运动发育的规律。孩子什么时候会坐、什么时候会爬、什么时候会走路，并不需要刻意训练，等到身体发育到一定程度，自然而然就会了。

小孩粗细运动发育过程

- 2 个月扶坐或侧卧时能勉强抬头；
- 4 个月扶着两手或髋骨时能坐，能握持玩具；
- 7 个月能独坐片刻，能将玩具从一手换至另一手；
- 8 个月能扶栏站立片刻，会爬，会拍手；
- 10 ~ 11 个月能扶栏独脚站，搀扶或扶推车可走几步，能用拇、食指对捏取物；
- 12 个月能独走，弯腰拾东西；
- 18 个月走得较稳，能倒退几步，能有目标地扔皮球；
- 2 岁能双足跳，能用杯子饮水，用勺子吃饭；
- 3 岁能跑，并能一脚跳过低的障碍，会骑小三轮车，会洗手；
- 4 岁能奔跑，会爬梯子，基本会穿衣；
- 5 岁能单脚跳，会系鞋带。

语言发育

语言是表达思想的一种方式。语言发育除了与大脑发育关系密切外，还需要有正常的发音器官，并与后天教育有关。

小孩语言发育过程

- 1 个月能哭；

- 2 个月会笑，开始发出喉音；

- 3 个月能咿呀发音；

- 4 个月能发出笑声；

- 7 个月能发出"妈妈""爸爸"等简单的复音，但并不是在叫喊亲人；

- 10 个月能喊出"妈妈""爸爸"，并且是呼唤亲人的意思；

- 12 个月能叫出简单的物品名，如"灯"；

- 15 个月能说出几个词，能说出自己的名字；

- 18 个月能指出身体各部分；

- 2 岁能用 2 或 3 个字组成的名词表达意思；

- 3 岁能说儿歌，能数简单的数；

- 4 岁能认识 3 种以上颜色；

- 5 岁能唱歌，并能认识简单的汉字；

- 6 ~ 7 岁能讲故事，能写字。

性格发育

性格是意愿、毅力、是非判断、对周围人物与事物适应能力的情绪反应等的总称。性格发育在婴幼儿时期常称为"个人–社会性行为发育"。性格发育主要包括相依感情、情绪、游戏等。

不同的新生儿表现出不同的气质，在活动度、敏感性、适应性、睡眠等规律性方面表现出个人特点。婴儿的活动及面部表情很早就受外界刺激的影响，对哺乳、搂抱、摇晃等具有愉快反应，啼哭则是不愉快的表现。随着月龄增长，不愉快情绪逐渐减少，6个月以后已较能忍耐饥饿，9个月后能较久地离开母亲。3～4岁的幼儿开始真正地发脾气。

婴儿与亲人相依感情的建立是社会性心理发育的最早表现。亲人在日常生活中对婴儿生理需要做出及时、适当的满足，这样可以促进相依感情的牢固建立。婴儿在5～6个月时开始出现怕生的表现，8～9个月拒绝让陌生人抱，10～18个月与母亲分离时出现焦虑情绪，这些都与相依感情有关。

孩子的性格在游戏中可以得到表现和发展。5～6个月开始知道和家人玩躲猫猫；9～10个月知道玩拍手游戏；1岁可以独自玩耍；2～3岁各玩各的玩具；3岁以后开始喜欢两人对玩；4岁以后开始找伙伴玩；5～6岁能自由地参加3人以上的竞赛性游戏。

0~6岁是孩子生长发育的关键时期，

这一时期要为孩子提供充足的营养。

由于孩子生长发育的速度非常快，

因此不同年龄段的孩子在饮食上要有所调整，

以满足孩子的发育需求。

作为家长，要了解不同年龄段孩子的喂养原则，

掌握如何让孩子吃得健康、吃得营养。

这一时期，家长也需要时刻关注孩子的语言能力、

运动能力、性格形成等方面，

并从小培养孩子的好习惯，让孩子能够健康成长。

第三章

0~6岁孩子各个阶段喂养重点

照看娇嫩的新生儿

新生儿的概念和生长发育特点

新生儿是指胎儿自娩出脐带结扎时开始至28天之前的婴儿。这时，新生儿的平均身长为50~53厘米，平均体重为3.0~3.3千克，平均头围34~35厘米。

刚出生的婴儿头部约占身高的四分之一，上半身比腿长。颅骨还没有完全发育完善，，在颅骨缝之间会形成颅骨间隙，也就是我们平时所说的卤门。用手轻轻触摸此处，能感触到柔软的部分。

刚出生的婴儿头部占全身的三分之一，头顶上的五块头骨未完全闭合，用手轻轻触摸能感触到卤门和柔软的部分。随着骨骼的生长，卤门会逐渐变小，12~18个月时基本消失。

宝宝出生后6周之内看不清周围的事物，但是视力会逐渐好转。在出生的头几天或出生6周之内，婴儿会偶尔环顾四周，或者注视妈妈的脸。此时宝宝看事物的焦距只有20~25厘米，这个距离相当于妈妈抱着婴儿时与婴儿之间的距离。

很多宝宝在胎内已长了头发，大部分呈黑色，出生一段时间后，头发可能变色、脱落，这是正常现象。一般要到1周岁以后才能长出新头发。

宝宝出生后脐带要剪断，并要捆扎脐带残留的部分。脐带就像透明的果冻一样柔软，但很快就会干瘪，几天后就会脱落。

宝宝的呼吸

由于呼吸中枢发育尚未成熟，肋间肌较弱，新生儿的呼吸运动主要依靠膈肌的上下升降来完成，常表现为呼吸表浅、呼吸节律不齐。出生后的两周，新生儿的呼吸较快，每分钟达到40次以上，多的甚至达到每分钟80次；睡眠时呼吸的深度和节律呈不规则的周期性改变，甚至可出现呼吸暂停，同时伴有心率减慢，紧接着有呼吸次数增快、心率增快的情况发生。这些是正常现象，家长无需太担心。

宝宝的体温

由于体温中枢发育尚未完善，体温的调节能力差，因此新生儿的体温不易保持稳定，容易受环境的影响。新生儿从母体娩出后1~2小时内，体温会下降约2.5℃，然后慢慢回升至正常温度。由于新生儿的皮下脂肪薄，汗腺发育不成熟，比成人散热快，在环境温度过高或保暖过度的情况下，加上摄入水分不足等因素，会造成新生儿体温升高。反之，则体温会下降。

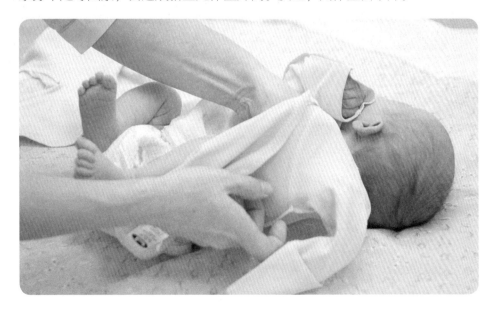

宝宝的睡眠

由于新生儿的脑组织尚未发育完全，所以神经系统的兴奋持续时间较短，容易疲劳，每天的睡眠时间长达16~18小时，刚出生的第一周睡眠时间可能还会更长一些。新生儿大多数时间是在睡觉，由一个睡眠周期进入另一个睡眠周期，一般每个睡眠周期约45分钟，每2~4小时会醒来吃奶，昼夜节律尚未建立。在一个睡眠周期中，安静睡眠和活动睡眠的时间各占一半。

> **博士悄悄话：** 活动睡眠，类似于成年人的快速眼动睡眠阶段，肌肉偶尔会抽动，手臂可能会乱挥，甚至还会哭几声；安静睡眠，类似于成年人的非快速眼动睡眠阶段。

宝宝的视觉

婴儿出生时对光就有反应，眼球呈无目的的运动。1个月的新生儿可注视物体或灯光，并且目光会随着物体移动。过强的光线对婴儿的眼睛及神经系统有不良影响，因此新生儿房间的灯光要柔和，不要过亮，光线也不要直射新生儿的眼睛。外出时，眼部应有遮挡物，以免受到阳光刺激。

宝宝的听觉

刚出生的宝宝，耳鼓腔内充满黏性液体，这些黏液会妨碍声音的传导，慢慢地黏液被吸收，中耳腔内充满空气，听觉的灵敏性便逐渐增强。宝宝睡醒后，妈妈可用轻柔和蔼的语言和他说话，或播放柔美的音乐，但音量要低。新生儿的神经系统尚未发育完善，大的响动会使其四肢抖动或惊跳，因此宝宝的卧房内应避免嘈杂的声音，尽量保持安静。

宝宝的嗅觉

新生儿的嗅觉很灵敏，刺激性强的气味会使他皱鼻、不愉快，对于母乳的香味很喜欢，这也是为什么宝宝总爱待在妈妈怀抱里的原因。一般来说，出生5天后，宝宝就能分辨出妈妈身上的味道，他们会使用嗅觉来慢慢认识这个对于他们来说陌生的世界。

宝宝的味觉

宝宝出生时已经具有良好的味觉，出生后不久就能够辨别不同的味道，能辨别出甜、苦、咸、酸等味道。新生儿对于浓度不同的糖水的吸吮强度和量是不同的，因此，从新生儿时期开始，喂养时就要注意不要用糖水、橘子汁等代替白开水，牛奶也不要加过多的糖，最好不加糖，以免甜味过重。

宝宝的触觉

新生儿的触觉很灵敏，是此时宝宝发育最完善的功能之一。嘴唇和手是触觉最灵敏的部位，所以新生儿认识事物主要通过手的触摸和嘴巴的啃咬、吮吸进行，轻轻触动其口唇便会出现吮吸动作，并转动头部，触其手心会立即紧紧握住，哭闹时将其抱起会马上安静下来。

宝宝的便便

新生儿在出生过程中或出生后会立即排一次尿。大部分的新生儿在出生后24小时内会排尿，如新生儿超过48小时仍无尿，应引起重视，找出原因。新生儿的尿液呈淡黄色且透明，但有时排出的尿会呈红褐色，稍混浊，这是因为尿中的尿酸盐结晶所致，2～3天后会消失。出生几天的新生儿因吃得少，加上皮肤和呼吸会蒸发水分，每日排尿3或4次，这时应该让宝宝多吮吸母乳，或多喂些水，尿量就会多起来。

新生儿会在出生后的12小时之内开始排出胎便，胎便呈墨绿色，这是胎儿在子宫内形成的排泄物。排两三天的胎便后会逐渐过渡到正常的新生儿大便。如果新生儿在出生后24小时内都没有排出胎便，就要及时看医生。正常的新生儿大便呈金黄色，比较黏稠，颗粒小，无特殊臭味，白天排便次数为3或4次。母乳喂养的宝宝消化情况较好，大便的次数较多；人工喂养的宝宝大便容易变硬或便秘，建议在两次喂奶间加喂少许白开水，可以缓解便秘。

宝宝的皮肤

足月新生儿皮肤红润，皮下脂肪丰满。新生儿的皮肤有一层白色黏稠样的物质，称为胎儿皮脂，主要分布在面部和手部。皮脂具有保护作用，可在几天内被皮肤吸收，但如果皮脂过多地聚积于皮肤褶皱处，应给予清洗，以防对皮肤产生刺激。新生儿皮肤的屏障功能较差，病原微生物易通过皮肤进入血液，引起疾病，所以应加强皮肤的护理。出生3~5天，胎脂去净后，可用温水给婴儿洗澡，选用无刺激性的香皂或专用洗澡液，洗完后需用水完全冲去泡沫，并擦干皮肤。

宝宝特有的原始反射

新生儿的反射反应是指婴儿对某种刺激的反应。婴儿的任何反应都会成为判断婴儿的神经和肌肉成熟度的宝贵数据，婴儿就是从这些原始反射反应开始，逐渐发展成复杂、协调、有意识的反应。反射反应的种类达几十种，下面是常见的集中反射反应。

寻乳反射

寻乳反射是指用手指轻微碰触小宝宝的嘴角或者脸颊，他的头就会转向受刺激的那一边，而且还会伸出舌头想要吸吮东西。此外，还有一层意思是将宝宝抱在妈妈怀中，宝宝会自动寻找妈妈的乳头喝奶。

吸吮反射

吸吮反射是指把手指或妈妈的乳头放进小宝宝口中，不需要经过妈妈的教导，宝宝就会自动去含住并有规律地吸吮，以获取身体所需的营养。

握拳反射

握拳反射是指轻轻刺激婴宝宝的手掌，宝宝就会无意识地用力抓住对方的手指。如果拉动手指，宝宝的握力会越来越大。脚趾的反应没有手指那样强烈，但是跟握拳反射一样，婴儿能缩紧所有的脚趾。研究结果表明，握拳反射与想抓住妈妈的欲望有密切的关系。一般情况下，婴儿能自由地调节握拳作用后，才能任意抓住事物。

摩罗反射

摩罗反射是指婴儿保护自己的反射。如果触摸婴儿或抬起婴儿头部，婴儿就会做出特有的反应。在伸直双臂、双腿和手指的情况下，婴儿就像抱妈妈一样，会把手臂向胸部靠近，而且向胸部蜷缩膝盖，有时还会拼命地哭闹。

踏步反射

踏步反射是指当爸爸妈妈用手撑在宝宝腋下使之处于直立状态，并让宝宝的脚接触地板、身体轻微前倾，此时宝宝就会有双脚左右交互踏步，做出行走的动作，就好像走路一般。

新生儿的喂养

宝宝出生后第一件大事就是吃，新生宝宝的喂养是一个充满艰辛与困难的历程，但同时又是充满快乐与幸福的过程。新手爸爸妈妈需要快速掌握新生儿喂养的知识和技巧，让宝贝健康成长。

初乳很珍贵

初乳是指产妇在产后7天内分泌的乳汁。初乳是一种黄色的液体，在产后的前3天分泌量很少，有些老年人认为初乳没什么营养，应该挤掉，不让孩子吃。其实这种做法是错误的，初乳的量虽然少，但是营养价值高，富含蛋白质、抗菌因子、多不饱和脂肪酸、免疫球蛋白等，不仅能满足新生儿的营养需求，还能帮助新生儿预防脊髓灰质炎、流行性感冒和呼吸道感染等疾病，是其他阶段的乳汁所不能替代的。因此，初乳一定要给宝宝吃，一滴都不要浪费。

母乳喂养的优点

宝宝6个月之前，母乳是最理想的食物，能为宝宝提供身体所需的各种营养，是其他任何营养物质都无法替代的，正如俗话所说："金水、银水，不如妈妈的奶水。"母乳喂养不仅对宝宝身心的健康发展意义重大，而且也有利于妈妈产后尽快恢复。

母乳含有新生儿生长所需的全部营养成分，含有促进大脑迅速发育的优质蛋白、必需的脂肪酸和乳酸，其中在脑组织发育中起着重要作用的牛磺酸的含量也较高，所以说母乳是新生儿期大脑快速发育的物质保证。母乳中含有大量抵抗病毒和细菌感染的免疫物质，可以增强新生儿的抵抗能力。母乳中含有帮助消化的酶，有利于新生儿对营养的消化吸收。母乳还可以在一定月龄内随着婴儿的生长需要而相应变化其成分和数量，满足不同月龄婴儿的生长发育之需。母乳喂养的孩子，一般不会引起过敏反应，如湿疹。

母乳清洁无菌，温度适宜，经济方便，可根据婴儿的需要随时喂哺，可省去煮奶、热奶、消毒奶具等烦琐的程序。在哺乳过程中，妈妈和宝宝有着肌肤间的密切接触，有助于增进感情。婴儿对乳房的吮吸刺激，能反射地促

进催产素的分泌，有利于产后母亲子宫的收缩和恢复。喂母乳的母亲比不喂母乳的母亲患乳腺癌的概率更小。

母乳喂养的正确姿势

正确的喂奶姿势能促进哺乳、保证乳汁的分泌量及预防奶胀和乳头痛。如果喂奶姿势不正确，婴儿只吸住乳头，不仅不易吸出乳汁，而且还会吮破乳头。婴儿每次吮吸的奶水不多，还会导致乳房滞乳而继发奶水不足。

妈妈喂奶的姿势以盘腿坐和坐在椅子上为好。哺乳时，将宝宝抱起，略倾向自己，使宝宝的整个身体贴近自己，用上臂托住宝宝的头部，将乳头轻轻送入宝宝的口中，宝宝用口含住整个乳头并用唇部贴住乳晕的大部分或全部。妈妈要注意用食指和中指将乳头的上下两侧轻轻下压，以免乳房堵住宝宝的鼻孔影响呼吸，或因奶流过急呛着宝宝。奶量大到宝宝来不及吞咽时，可让其松开乳头，喘口气再吃。

很多妈妈喜欢一边躺着一边哺乳，喂奶的同时能够躺着放松身体。但在宝宝3个月前，妈妈采取一边躺着一边哺乳的姿势是不安全的。因为在哺乳时，妈妈一旦迷迷糊糊睡着了，乳房有可能堵住宝宝的鼻子和嘴，使宝宝窒息。宝宝长到4个月后，可以做出抵抗动作，采用这种躺着喂奶的姿势才安全。

母乳喂养的次数安排和时长

哺乳次数

有关研究表明，尽早开始哺乳对母子健康的好处多多，可以促进母乳分泌和子宫恢复。因此，分娩后30分钟内就可以开始哺乳。新生儿是要按需哺乳的，新生儿刚出生的前几周内，由于吮吸母乳的速度和次数无规律，有时哺乳次数仅间隔1小时左右。出生后6周内，建议间隔2小时哺乳一次。随着月龄的增加，再逐渐减少哺乳次数。在前几周内，未确定合适的哺乳次数和婴儿所需的摄取量之前，只要婴儿想吃奶，就应该随时哺乳。

哺乳时长

给新生儿喂奶，一般每侧乳房10分钟、两侧20分钟最佳。就一侧乳房哺乳10分钟来看，前2分钟内宝宝可吃到总奶量的50%；前4分钟可吃到80%～90%；8～10分钟后，乳汁分泌极少。因此，每次哺乳不宜超过10分钟。虽然就新生儿从一侧乳房补充到的总奶量来说，只需4分钟就够了，但后面的6分钟也是必不可少的。这是因为通过新生儿吸吮可刺激催乳素释放，增加下一次哺乳时的乳汁分泌量，而且可增加妈妈和宝宝之间的感情。

母乳喂养的注意事项

喂奶前把已湿的尿布换掉，让宝宝舒适地吃奶，吃奶后可立即入睡。妈妈在换完尿布后要把手洗干净。

哺乳时，要让宝宝正确地含接，应把乳头和乳晕都含入口内，这样既可使宝宝的两侧口角没有空隙，防止吞入空气，又可以使宝宝的吮吸动作有效地压缩和振动位于乳晕下的乳腺集合管，促使更多的乳汁吸入口内。

新生儿期要注意按需哺乳，宝宝饿了就给他吃，能吃多少就喂多少。

混合喂养和人工喂养

混合喂养是在确定母乳不足的情况下，以其他乳类或代乳品来补充喂养婴儿的方法。混合喂养虽然不如母乳喂养好，但在一定程度上能保证母亲的乳房按时受到婴儿吸吮的刺激，从而维持乳汁的正常分泌，使婴儿每天能吃到2或3次母乳，对婴儿的健康仍然有很多好处。混合喂养每次补充其他乳类的数量应根据母乳缺少的程度来定。

人工喂养是妈妈没有母乳或无法进行母乳喂养，只能选择补充其他乳类来满足宝宝的营养需求。一般来说，人工喂养首选配方奶粉。

混合喂养的两种方法

一种是补授法。即每次喂奶时先喂母乳，把母乳吃完，0.5~1.0小时后再补喂一定量的配方奶。这种喂法可以避免孩子吃了配方奶后没有饥饿感，不愿意吸吮母乳，而导致母乳分泌进一步减少。宝宝先吸吮母乳，使妈妈的乳房按时受到刺激，可保持乳汁的分泌。

另一种是代授法。即一次喂母乳，一次喂牛奶或奶粉，轮换间隔喂食。这种方法容易使母乳减少，对于母乳不足的妈妈来说，建议采用补授法。

配方奶粉的选择

一般来说，选择普通配方奶粉即可，信誉好的厂家和品牌，奶粉质量更有保障。购买时仔细查看生产日期，越新鲜越好。对于健康的宝宝，只要喂奶时不拒绝，食用后没有不适症状，生长发育正常，就说明这种奶粉比较适合。

对于早产儿、过敏、腹泻、特殊氨基酸代谢疾病的宝宝，在挑选配方奶粉时应选择特殊医学用途的配方奶粉。例如，对于早产儿，其消化系统的发育较差，可以选择早产儿奶粉，待体重发育至正常（大于2500克）才可更换成婴儿配方奶粉；对于缺乏乳糖酶的宝宝、患有慢性腹泻导致肠黏膜表层乳糖酶流失的宝宝、有哮喘和皮肤疾病的宝宝，适宜选择脱敏奶粉，又称黄豆配方奶粉；对于患有急性或长期慢性腹泻或短肠症的宝宝，由于肠道黏膜受损，多种消化酶缺乏，适宜选择水解蛋白配方奶粉。以上选择，均建议在医生的指导下进行。

冲调配方奶粉的方法

第一步，家长洗净双手，奶瓶提前消毒；

第二步，根据宝宝的喝奶量，往奶瓶里倒入适量的、40℃的温开水；

第三步，用包装内配备的专用奶粉勺，按照水量加入相应量的奶粉，盛奶粉时，奶粉需要松松的，不可压紧，可刮平；

第四步， 盖上奶瓶盖，双手握住奶瓶，来回搓动奶瓶，使奶粉充分溶解。

人工喂养的注意事项

打开的配方奶粉要避免被细菌等微生物感染。

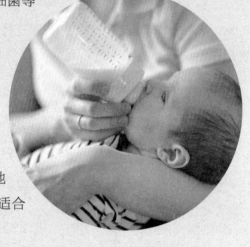

需要根据宝宝的月龄段选择合适的奶嘴。一般来说，倒立奶瓶，观察奶嘴是否滴出牛奶，判断奶嘴是否合适。在倒立奶瓶时，前1～2秒像细水柱一样流出，之后变为一滴一滴地往下流，说明奶嘴的大小比较适合宝宝。

宝宝的奶瓶、奶嘴等每次使用后要清洗干净，并进行消毒处理。

家长冲调奶粉、喂奶前要洗净双手，冲奶粉的水要煮沸后再放温。

冲调奶粉时要严格按照水与奶粉的比例来冲调。奶水过稠会增加宝宝代谢负担，易导致便秘或肥胖；奶水过稀易导致营养不良。

每次喂奶前要试试温度，将冲好的奶水滴几滴在手腕内侧上试一下温度，以不烫为宜。

喂奶时奶瓶的倾斜度应使奶水充满奶嘴，这样可以避免宝宝吸入空气而吐奶。

吃奶后为了防止溢奶，应帮助宝宝拍嗝，将吃奶时吸入的空气排出。将宝宝的头部靠在妈妈的肩膀上，轻轻拍宝宝的背部，听到宝宝打嗝即可。如果拍嗝5分钟仍未打嗝，建议先放下宝宝，隔一会儿再抱起拍嗝。

新生儿的护理

保护好宝宝的囟门

前面我们有讲到，宝宝出生后，头顶有两个囟门，位于头前部的叫前囟门，位于头后部的叫后囟门。囟门是人体生长过程中的正常现象，用手触摸前囟门时有时会触到如脉搏一样的搏动感，这是由于皮下血管搏动引起的。很多人认为新生儿囟门不能摸、不能碰，也不能洗。新生儿的囟门确实要小心对待，但是基础的清洗还是需要做好的，否则反而对宝宝健康有害。

新生儿出生后，皮脂腺的分泌加上脱落的头皮屑，常在前后囟门部位形成结痂，若不及时洗掉会影响皮肤的新陈代谢，引发脂溢性皮炎。因此，日常护理时要正确清洗囟门，清洗的动作要轻柔、敏捷，不可用手抓挠，要保证用具和水的清洁卫生，水温和室温都要适宜。平时不可用手按压囟门，更不可用硬物碰撞，以防碰破出血和感染。

新生儿的抱法

新手爸爸妈妈还沉浸在与宝宝初见的欢乐中，很想多和宝宝亲近亲近，但又怕姿势不当。抱新生儿的正确姿势是用一手托住宝宝的颈部，另一只手托住宝宝的臀部。也可让宝宝侧卧于自己的胸腹前，还可将宝宝以直立的姿势抱于怀中。最好还是采用侧抱的方式，需要注意的是，一定要托住宝宝的头部，常变换姿势，不要总是侧向一边，这样不利于宝宝的骨骼发育。

宝宝的脐带护理

脐带脱落前需要密切观察宝宝脐部的情况，每天仔细护理，包扎脐带的纱布要保持清洁，如果湿了要及时消毒并更换干净的。要注意观察包扎脐带的纱布有无渗血现象，渗血较多时，应将脐带扎紧一些并保持局部干燥。脐带没掉之前，不要随便打开纱布。

脐带脱落后可以给宝宝洗盆浴，但洗澡后必须擦干宝宝身上的水分，并用70%的酒精擦拭肚脐，保持清洁和干燥，直至根部的痂皮自然脱落。如果脐带根部发红或是脱落以后伤口总不愈合，脐部湿润流水，就可能是脐炎的初期症状，家长要谨慎处理，必要时及时咨询医生。

宝宝的眼睛护理

新生儿的眼部要保持清洁，洗脸前应先将眼睛擦洗干净，平时也要及时将分泌物擦去。可以用柔软的纱布沾湿后拧干，轻轻擦拭眼周。

宝宝的口腔护理

新生儿刚出生时，口腔里常带有一定的分泌物，这是正常的。妈妈可定时给宝宝喂点白开水，就可清洁口腔中的分泌物了。

需要注意的是，宝宝的口腔黏膜非常娇嫩，妈妈不要用纱布去擦宝宝的口腔，牙齿边缘的灰白色小隆起或两颊部的脂肪垫都是正常现象，不需要特别处理。如果口腔内有脏物时，可用消毒棉球进行擦拭，但动作要轻柔。

宝宝的皮肤护理

宝宝刚生下来时皮肤结构尚未发育完全，因此妈妈在照料时一定要细心护理。新生儿经常会吐口水或者吐奶，因此平时应该多用柔软湿润的毛巾替宝宝擦净面颊。秋冬时更应该及时涂抹润肤膏，增强肌肤抵抗力，防止肌肤红肿或皲裂。耳朵内的污垢可采用棉签旋转的方法取出，但注意只限于较浅

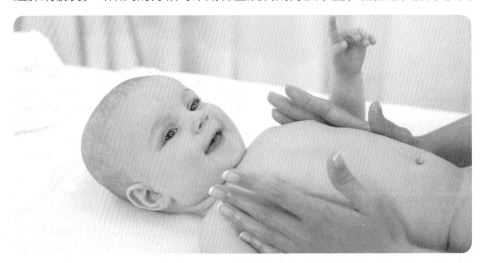

的部位，不能插进过深，防止损伤鼓膜和外耳道。给宝宝更换衣服时，如果发现有薄而软的小皮屑脱落，可能是皮肤干燥引起的，洗浴后在皮肤上涂抹一些润肤露，可防止皮肤皲裂、受损。夏季要让宝宝在通风和凉爽的地方进行活动，洗浴后在擦干的身体上涂抹少许爽身粉，预防痱子。

宝宝的指甲护理

新生儿的指甲长得非常快，为了防止宝宝抓伤自己或他人，应及时为其修剪。洗澡后指甲会变得软软的，可以选在此时帮宝宝修剪。修剪时一定要牢牢抓住宝宝的手，可以用小指甲压着新生儿手指肉，并沿着指甲的自然线条进行修剪，不要剪得过深，以免刺伤手指。一旦刺伤皮肤，可以先用干净的棉签擦去血渍，再涂上消毒药膏。

此外，为防止宝宝用手抓破皮肤，剪指甲时要剪成圆形，并保证指甲边缘光滑。如果修剪后的指甲不光滑，建议帮宝宝带上薄薄的小手套。

给宝宝正确穿脱衣服

给宝宝穿脱衣服是爸爸妈妈每日的必修课，但给小婴儿穿脱衣服可不是一件容易的事。大部分的小宝宝不喜欢穿衣脱衣，会四肢乱动，不予配合。爸爸妈妈在给宝宝穿脱衣服时，可以先轻轻抚摸宝宝，小声和他说说话，与他交谈，如"宝宝，我们来穿上衣服"或"宝宝，我们来脱去衣服"等，使他心情愉快、身体放松，然后轻柔地开始给他穿脱衣服。穿衣服时，让宝宝躺在床上，先将你的左手从衣服的袖口伸入袖笼，使衣袖缩在你的手上，右手握住婴儿的手臂递交给左手，然后右手放开婴儿的手臂，左手引导着婴儿的手从衣袖中出来，右手将衣袖拉上婴儿的手臂；脱衣服时，同样先用一只手在衣袖内固定婴儿的上臂，然后另一手拉下袖子。穿脱裤子的方法与上相同，也需要一手在裤管内握住小腿，另一手拉上或脱下裤子。

婴儿的衣服宜选购质软、保暖、透气的，内衣裤最好选购棉布质地的，款式宽松舒适。穿衣服时不要用长带子绕胸背捆缚，也不要穿很紧的松紧带裤子，以免穿着不当，阻碍胸部发育。

给宝宝洗澡的注意事项

给宝宝洗澡之前要把需要的物品准备齐全，例如消毒脐带的物品，预换的婴儿包被、衣服、尿片，以及小毛巾、大浴巾、澡盆、冷水、热水、婴儿爽身粉等。

爸爸妈妈需要检查一下自己的指甲，以免擦伤宝宝，再用肥皂洗净双手。

洗澡时室温维持在26~28℃，水温则以37~42℃为宜。可在盆内先倒入冷水，再加热水，再用手腕或手肘试一下，使水温恰到好处。

沐浴时要避免阵风的正面吹袭，以防着凉生病。

沐浴时间应安排在给婴儿哺乳1~2小时后，否则易引起呕吐。

新生儿的特殊生理现象与常见问题处理

生理性体重下降

刚出生一周内，新生儿的体重会有所减轻（减少出生时体重的5%~10%），但是从第七天开始，体重会开始重新增加。这是正常现象，新手爸爸妈妈无需担心。如果体重明显减轻或持续减轻，说明婴儿没有吃饱，或生病了。病理上的体重突然减轻，应及时到医院查找原因，以免延误病情。

假月经

新生儿假月经是指少数女性新生儿在出生1周内，会从阴道内流出一些灰白色黏液，也有一部分会是血性液体的分泌物，称为"假月经"。这是由于进入妊娠后，妈妈体内的雌激素进入胎儿体内，胎儿的阴道及子宫内膜增生，而出生后雌激素的影响中断，增生的上皮及子宫内膜发生脱落所引起的。这属于正常生理现象，一般持续1~3天会自行消失。但若宝宝出血量较多，或同时有其他部位的出血，则是异常现象，需及时到医院诊治。

生理性黄疸

新生儿生理性黄疸是新生儿胆红素的代谢特点，是正常新生儿在生长过程中的一种生理现象，是体内胆红素浓度过高出现的皮肤黏膜黄染现象，是由于新生儿肝功能发育尚不完善，出生后从母体接受的多余无用的红细胞破裂，胆红素郁积在血液中不能正常代谢所致。

新生儿大多在出生后2~3天出现皮肤巩膜黄染现象，4~5天时最严重，足月儿一般在7~10天消退，早产儿一般在2~4周消退。生理性黄疸一般都是轻度的，除面颊部皮肤和巩膜可见轻度黄染外，无其他异常临床症状、体征，也没有其他不适症状。

湿疹

新生儿，特别是人工喂养的新生儿，易在面部、颈部、四肢，甚至是全身出现颗粒状红色丘疹，表面伴有渗液，即为新生儿湿疹。湿疹十分瘙痒，会导致宝宝吵闹不安。湿疹在出生后10~15天即可出现，以2~3个月的宝宝最严重。病因多与遗传或过敏有关，患湿疹的宝宝长大后可能对某些食物过敏，如鱼、虾等，家长要留心观察。

一般来说，不严重的湿疹不必特别治疗，只要注意保持宝宝皮肤的清洁就可以了；如果宝宝的湿疹比较严重，建议爸爸妈妈去医院及时诊治，在儿科医生的指导下用药。

尿布疹

尿布疹是指尿布区皮肤所发生的皮炎，又称为尿布皮炎。尿布疹发病是因为尿布区皮肤长时间处于湿热环境中，尿液、粪便刺激导致局部皮炎，且宝宝臀部与纸尿裤反复摩擦导致皮肤损伤、局部细菌增生，进一步加重了皮炎的发生。

为了防止皮肤发疹，必须经常更换纸尿裤，涂抹保护婴儿皮肤的护肤霜。如果出现发疹症状，最好去掉纸尿裤，然后在清爽的空气下晾干皮肤。尿布疹表现为尿布区皮肤出现红斑、小丘疹、小水疱性皮损，严重者甚至可糜烂。因此，为了防止皮肤发疹，应及时更换纸尿裤，涂抹婴儿护肤霜。如果出现发疹症状，要保持皮肤干燥，做好皮肤护理即可缓解。

粟粒疹

粟粒疹俗称痱子，新生儿常见，主要是由于高热闷热环境中出汗过多且不易蒸发，致使汗腺导管口阻塞，汗液潴留后汗管破裂而引起汗液向外渗入周围组织引起的浅表性炎症反应。常在出生后第一周出现，分布在面部、头部等部位，一般一周后会自行消退，这属于正常的生理现象，不需要特别处理，帮宝宝穿着宽松透气的衣物，保持皮肤清洁干燥即可。

胎痂

新生儿胎痂是一种常见的婴儿皮肤病，是一种很厚的、覆盖在头皮上的痂，其实是皮肤和上皮细胞所分泌的物质混合而成的。胎痂摸起来有些油腻，但大部分会自然痊愈，属于暂时性的现象。妈妈可从基本的卫生保健做起，用棉球蘸上宝宝油，涂在有痂块的部位，过1~2小时胎痂就会软化松动，这时再以温水洗去孩子头部的油污就可以了。根据轻重程度，每天清洗一回，三五天内胎痂一般会明显好转。

溢奶

新生儿经常发生溢奶现象，这是由于宝宝的下食管、胃底肌发育差，胃容量较少，呈水平位所致。要防止溢奶，应于喂奶后将宝宝竖直抱起，轻轻拍背部，让宝宝打个嗝，把吃奶吸进胃里的空气排出来。如果溢奶不严重，宝宝的体重正常增加，并未发现其他不良现象，就不必紧张，随着宝宝胃容量的逐渐增大，在出生3~4个月后会自行停止。

鹅口疮

鹅口疮是由白色念珠菌感染所引起的疾病，好发于颊、舌、软腭及口唇部的黏膜。发病时，先在舌面或口腔颊部黏膜出现白色点状物，以后逐渐增多并蔓延至牙床、上腭，并相互融合成白色大片状膜，形似奶块状，不易用棉棒或湿纱布擦掉，如强行剥除白膜后，局部会出现潮红、粗糙，甚至出血，但很快又复生。

患鹅口疮的宝宝除了口中可见白膜外，一般没有其他不适，不发热，不流口水，睡觉、吃奶也都比较正常。一般2~3天可好转或痊愈，如未见好转，应到医院儿科诊治。

引起鹅口疮的原因很多，主要是由于婴幼儿营养不良、身体抵抗力低所导致。此外，奶瓶、奶嘴消毒不彻底，母乳喂养时妈妈的乳头不干净，或者接触感染念珠菌的食物、衣物和玩具等也可引起鹅口疮。因此，在日常喂养过程中，妈妈应注意卫生。宝宝一旦患上鹅口疮，爸爸妈妈可先用少许2%的苏打水溶液清洗宝宝的口腔，再用棉签蘸1%的龙胆紫涂在口腔中，每天1~2次；或者将制霉菌素片1片（每片50万单位）溶于10毫升冷开水中，用来涂宝宝的口腔，每天3或4次。

出生后无尿

正常新生儿往往于分娩后立即排尿，或在分娩过程中排尿，但有些新生儿在出生后2~3天无尿。这可能是因为新生儿出生后没有喂奶，摄入的液体量太少，或通过呼吸和皮肤蒸发的水分过多，也可能因新生儿尿液中有较多的尿酸盐结晶，而发生尿酸梗死所致。因

此，新生儿出生后12小时内应该开始喂奶，以保证体内储存足够的水分。如果超过2天仍无尿，则要考虑有无泌尿系统畸形。给新生儿喂5%的葡萄糖水后仍不排尿，就属于不正常的现象，应及时去医院检查。

新生儿的运动

宝宝的运动能力始于胎儿期，因此宝宝一出生就具备了较强的运动能力。新生儿有着许多令人惊叹的运动本领，如果让宝宝俯卧，他会慢慢地抬起头转向一侧，这时用手掌抵住他的脚，还会做出爬行的动作。这种运动本领在出生后还将在与父母的交往中继续发展。

新生儿觉醒状态时的躯体运动，是宝宝和父母交往的一种方式。当父母和宝宝热情地说话时，宝宝会出现不同的面部表情和躯体动作，就像表演舞蹈一样，扬眉、伸腿、举臂，表情愉悦，动作优美、欢快；当妈妈停止说话时，新生儿会停止运动，两眼凝视着妈妈；当再次说话时，新生儿又变得活跃起来，动作随之增多。这些自发的动作虽然简单，但一点一滴都代表着宝宝身体的发展。

爸爸妈妈除了和宝宝说话交流外，还可以通过简单的运动来提高宝宝的运动能力。

屈腿运动

让宝宝平躺在床上，轻轻抓住宝宝的脚腕，将两腿拉直，再将两膝盖弯曲，重复做拉直和弯曲的动作。做屈腿运动时要小心，动作要轻。

双臂交叉运动

宝宝仰卧在床上，妈妈将拇指插入宝宝的小拳头里，其余四指扣在宝宝的手腕上，轻轻地将宝宝的胳膊从肘关节处微微弯曲，活动1或2次。最后将宝宝的双臂在胸部交叉，再活动1或2次。

新生儿按摩

新生儿按摩又叫新生儿抚触，可刺激宝宝的神经系统发育，有利于宝宝的智力开发，还可以增强宝宝的免疫力、增进亲子关系，是适合婴儿的保健法之一，新手爸爸妈妈不妨经常给宝宝做做抚触操。

按摩前的准备工作

婴儿按摩的目的主要是保障宝宝健康，为了达到更好的保健效果，并避免对宝宝健康造成损害，新手爸爸妈妈在给宝宝做按摩需要注意以下几点：

给宝宝做按摩的最佳时间是在宝宝沐浴后或喂奶1小时后进行。

居室环境适宜。确保房间干净清洁，房间温度适宜（约26℃），为宝宝提供一个安静舒适的环境。

给宝宝做按摩前，妈妈或爸爸要洗干净双手，剪短指甲，并摘下手上的戒指、手表、手镯等可能会伤到宝宝的物品。

新生儿按摩手法

按摩时也是爸爸妈妈和宝宝进行交流的好时机，在按摩过程中不妨放一些轻音乐，每一个动作开始前轻声细语地提醒宝宝接下来要做什么，如"妈妈要摸摸你的小肚子啰""再来给你捏捏小脚丫"等，让按摩和语言相互配合，帮助宝宝更好地了解自己的身体，刺激大脑的发育。另外，按摩时动作一定要轻柔，以免弄疼宝宝。

脸部按摩

宝宝仰卧。按摩者在掌心涂抹适量婴儿油或润肤乳，用双手拇指指腹从宝宝前额中心处，对称性地往外推压至太阳穴处；用双手拇指指腹自宝宝下颌处向外上滑动，画出一个微笑。

胸部按摩

宝宝仰卧。按摩者将右手食指和中指并拢，放在宝宝左侧肋缘，用指腹侧面轻轻向上滑向婴儿右肩肩峰，并避开宝宝的乳头，再返回左侧肋缘。左手以同样的手法向对侧进行，就像在宝宝的胸部画一个大交叉。

四肢按摩

宝宝仰卧。按摩者用一只手将宝宝的一侧上肢向上举起，另一只手握住宝宝胳膊根部，自胳膊根部经肘部至小手腕部轻轻握捏。用同样的方法按摩同侧下肢，以及对侧上肢和下肢。

手部手掌按摩

宝宝仰卧。按摩者用双手拇指指腹交替自宝宝手掌根部抚摸至手掌心、手指末端，其余四指交替抚摸宝宝的手掌背面。用同样的手法按摩对侧手掌。

手部手指按摩

宝宝仰卧。按摩者用拇指、食指和中指捏住宝宝小手指根部，轻轻揉捏至指尖。以同样的方法依次揉捏无名指、中指、食指至拇指。再用同样的方法揉捏宝宝对侧手指。

腹部按摩

宝宝仰卧。按摩者用双手指腹朝顺时针方向小心按摩宝宝的腹部，但是同时注意避开特殊地方，如脐痂未脱落部位，该部位是不可盲目按摩的。

脚部脚掌按摩

宝宝仰卧。按摩者用双手拇指指腹交替自宝宝脚跟部按压至脚心、脚趾末端，其余四指交替抚摸宝宝的脚背面。用同样手法按摩对侧脚掌。

0~1岁婴儿喂养

宝宝的成长发育指标与特点

1~2个月婴儿

经过一个月的生长发育，宝宝的体重比初生时增加了700~1200克，人工喂养的宝宝体重增长得更快。这个月男宝宝体重为3.09~6.33千克，女宝宝体重为2.98~6.05千克都是正常的。此时宝宝身高增长也比较快，一个月可长3~5厘米，男宝宝身高可达48.7~61.2厘米，女宝宝则可长到47.9~59.9厘米。

宝宝可以短暂抬头四处张望，手部、腿部力量有所加强。嘴巴张成O形，有发音的欲望，能注视15~20厘米处物体7秒以上，看到喜欢的东西会两眼放光；会对妈妈微笑，有了微笑、悲伤、喜悦的表情。

2~3个月婴儿

男宝宝在这个月的体重为3.94~7.97千克，女宝宝体重为3.72~7.46千克，这个月体重可增加0.90~1.25千克，平均体重可增加1千克。男宝宝身高为52.2~65.7厘米，平均身高61.4厘米；女宝宝身高为51.1~64.1厘米。一般而言，这个月宝宝的身高可增长3.5厘米左右。

本月宝宝学会了抬头，可以抬很高。手动作开始发育，开始无意识抓握东西，喜欢吮吸玩具、手指。宝宝两眼更协调，可以追随事物移动。妈妈可以在婴儿床的上方挂2或3种颜色鲜艳的彩带或者带声响的玩具，宝宝会对这些事物比较感兴趣，但是要注意经常变换位置。

3 ~ 4 个月婴儿

本月宝宝的增长速度比之前缓慢一些，满3个月的男宝宝体重为5.25 ~ 10.39千克，女宝宝体重为4.40 ~ 8.71千克，这个月的宝宝体重可以增加0.90 ~ 1.25千克。男宝宝的身高为55.3 ~ 69.0厘米，女宝宝身高为54.2 ~ 67.5厘米。

这个月的男宝宝头围为36.7 ~ 44.6厘米，女宝宝为36.0 ~ 43.4厘米。这个月宝宝的后囟门将闭合，前囟门对边连线可以在1.0 ~ 2.5厘米不等，头看起来仍然较大。如果前囟门对边连线大于3厘米，或小于0.5厘米，应该就医检查。

这个月宝宝已经能够用上肢支撑头和上身，和床面约呈90°。从这个月开始，宝宝会翻身了，先是从仰卧到侧卧，逐渐发展到从仰卧到俯卧。竖抱时头很稳，扶着腋下可以站片刻。

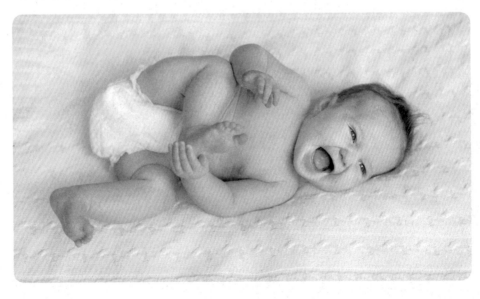

宝宝对新鲜物的注视时间增长，视线已经可以移动，可以从一个物体转移到另一个物体，当玩具丢失以后，可以用视线去寻找。记忆清晰，可以记住妈妈的脸、玩具等，能够辨别妈妈的声音。

4 ～ 5 个月婴儿

这个月宝宝的体重增长速度开始下降，男宝宝的体重为5.66 ～ 11.15千克，女宝宝的体重为4.93 ～ 9.66千克。男宝宝的身高为57.9 ～ 71.7厘米，女宝宝的身高为56.9 ～ 67.1 厘米，这个月平均可长高2 厘米。从这个月开始，宝宝头围的增长速度也开始放缓。男宝宝的头围为38 ～ 45.9厘米，女宝宝的头围为37.2 ～ 44.6厘米。

宝宝上下身开始协调，枕秃会比较严重。会双手撑起全身，可以坐一小会儿，会翻身。能够自己拿起玩具，晃动，还会将玩具放到嘴里，家长不要制止。能够自己拿奶瓶喝奶，会伸出双手和妈妈要抱抱。能够发出更多的音节，甚至有些宝宝能够发出类似爸爸、妈妈的声音。对人脸的兴趣加深，当你抱着他的时候，喜欢戳你的眼睛、鼻子，用手抓你的脸。

5 ～ 6 个月婴儿

满5个月的男宝宝体重为6.9 ～ 8.8千克，女宝宝体重为6.3 ～ 8.1千克。这个月内可增长0.45 ～ 0.75千克，食量大、食欲好的宝宝体重增长可能比上个月还要多。需要爸爸妈妈注意的是，很多肥胖儿都是从这个月埋下隐患的，因此如果发现宝宝在这个月日体重增长超过30克，或10天增长超过300克，就应该有意识地调整宝宝的食量。

男宝宝在这个月身长为60.5 ～ 71.3厘米，女宝宝为58.9 ～ 69.3厘米，本月可长高2厘米左右。男宝宝的头围平均为43.9厘米，女宝宝平均为42.9厘米。

有些宝宝开始长牙了，会有不适感，喜欢咬东西，妈妈可以准备一些磨牙棒，供宝宝咬，同时要注意宝宝的口腔卫生。宝宝的头已经可以完全直立，更喜欢家长竖抱，因为能够看到更多的东西。会伸手抓东西，玩具掉了会去找。当你撑着宝宝，让他站在你腿上的时候，他的脚尖会向下蹬。宝宝已经知道自己的名字，叫他名字会有反应。会有认生、怕父母离开的表现，会有主动社交的欲望，家长要注意引导鼓励。

5~6个月的时候，就可以开始着手给宝宝添加辅食了，记住先从温和的谷物开始，最开始的时候应该给宝宝添加含铁米粉，然后逐渐增加种类，增加食物硬度。

6 ~ 7 个月婴儿

满6个月时，男宝宝的体重为6.24 ~ 12.2千克，女宝宝的体重为5.64 ~ 10.93千克；男宝宝的身高为61.4 ~ 75.8厘米，女宝宝的身高为60.1 ~ 74.0厘米；男宝宝的头围为39.8 ~ 47.7厘米，女宝宝的头围为38.9 ~ 46.5厘米。一般在这个月，宝宝的囟门和上个月差别不大，还不会闭合，但已经很小了，多数在0.5 ~ 1.5厘米，也有的已经出现假闭合的现象，即外观看来似乎已经闭合，但若通过X射线检查其实并未闭合。如果宝宝的头围发育是正常的，也没有其他异常体征和症状、没有贫血、没有过多摄入维生素D和钙剂的话，爸爸妈妈就不必着急。

到了这个月，宝宝会坐会翻滚，有爬的动作和愿望，喜欢观察周围的环境，喜欢妈妈、自己的玩具等与自己相关的东西，能记住分开一周的三四个熟人，能够用不同行为、语言表达自己的愿望，对陌生人存在好奇，但也怕生。

7 ~ 8 个月婴儿

本月男宝宝体重为6.5 ~ 12.6千克，女宝宝体重为5.9 ~ 11.4千克；男宝宝此时的身高为62.7 ~ 77.4厘米，女宝宝为61.3 ~ 75.6厘米。男宝宝的头围40.4 ~ 48.4厘米，女宝宝的头围39.5 ~ 47.2厘米。囟门还是没有很大变化，和上个月看起来差不多。

宝宝已经会爬，能够匍匐前进。手指发育更进一步，能够用拇指、食指、中指捏东西，会将东西从这边取过来放到那边。会喊爸爸、妈妈，能听懂大人的简单命令。对物体有了简单认识，看到奶瓶、碗就知道要吃饭了，这时妈妈可以教孩子认识一些物品及功能。开始懂得大人的表情，当你夸奖宝宝的时候，宝宝会笑；当你训斥宝宝的时候，宝宝会委屈。

8～9个月婴儿

8个月时，男宝宝的体重为6.67～12.99千克，身高63.9～78.9厘米，头围41.0～48.9厘米；女宝宝的体重6.13～11.80千克，身高62.5～77.3厘米，头围40.1～47.7厘米。

由于出牙、腹泻等情况带来的食量减少，此阶段宝宝体重增加的速度会继续放慢，身高继续以每月1厘米的速度增长。有的宝宝已经长出3～5颗牙齿了。能够扶着东西站起来，快9个月的时候，可以扶着栏杆短暂站立。这个时间段，宝宝喜欢用手指抠东西，比如抠墙面。会自己抓着食物往嘴里送。宝宝的理解能力增强，可以给宝宝玩些小卡片、不同颜色或者会转动的玩具，给宝宝读读小故事。

9～10个月婴儿

男宝宝在这个月体重为6.86～13.34千克，身高为65.2～80.5厘米，头围为41.5～49.4厘米；女宝宝在这个月体重为6.34～12.18千克，身高63.7～78.9厘米，头围为40.5～48.2厘米。

大部分宝宝到了这个月，已经很难看到前囟搏动了。此外，宝宝在这个月将长出4～6颗乳牙。

这个时候宝宝的不同人格特征开始外显，有的活泼、有的内敛等。宝宝开始想要站着或者行走，能够拉着妈妈的手弯腰捡东西。进入语言萌动期，模仿大人说话，模仿大人动作，喜欢被表扬。喜欢和小朋友玩耍，可以短暂离开父母。

10～11个月婴儿

本月男宝宝的身高是66.4～82.1厘米，女宝宝的身高为64.9～80.5厘米。体重的增长速度与前一个月差不多，男宝宝的体重是7.04～13.68千克，女宝宝为6.53～12.52千克。这个月宝宝头围的增长不太明显，男宝宝的头围为

41.9~49.8厘米，女宝宝的头围为40.9~48.6厘米。越来越多的宝宝的前囟已经快要闭合，但还有些宝宝的囟门依然很大。

这个阶段的宝宝已经能够扶着床、推着小车或者拉着妈妈的手走很远了。喜欢开关门、抽拉抽屉，喜欢搭积木，喜欢拿着纸笔乱画，妈妈要时刻注意宝宝的安全。

11~12个月婴儿

本月男宝宝身高为67.5~83.6厘米，体重为7.04~13.68千克，头围为42.3~50.2厘米；女宝宝身高为66.1~82厘米，体重为6.71~12.85千克，头围为41.3~49.0厘米。满周岁时，如果男宝宝的头围小于43.6厘米，女宝宝的头围小于42.6厘米，则认为是头围过小，需要请医生检查。

宝宝长到12个月大以后，生长速度会有一个停滞期，体重增加的幅度会降低，这是正常的。由于活动量的增加，宝宝的肌肉显得更加结实而有力。能够绕着家具行走，喜欢爬上爬下，这时要警惕宝宝坠床。能够随着音乐或者舞蹈视频做出相应动作，听懂大人的指令，甚至会说谢谢。会用言语简单地表达自己意愿，比如吃饭、洗澡、抱抱等。

宝宝的喂养须知

1~3个月婴儿

从宝宝出生到3个月是胎儿期与新生儿期的延续，这个阶段的宝宝机体非常脆弱，消化系统尚未完善，但生长发育却特别快。对于这个阶段的宝宝来说，母乳依然是最好的食物。此阶段还要注意给宝宝补充维生素D，可以让宝宝多晒晒太阳，以促进钙的吸收。

继续坚持按需喂养的原则

在这一时期，宝宝的喝奶量会有所增加，喝奶的时间间隔也会延长，一般2.5~3.0小时一次，一天7次。但这并不代表所有宝宝都这样，一般来说一天吃5~10次都是正常的。有些宝宝可以连续睡4~5小时，到了晚上甚至可能延长到6~7小时，说明宝宝已经具备存食的能力。只要宝宝的精神状态好，体重持续增加，爸爸妈妈不必过于在意宝宝喝奶的次数。当然，如果宝宝一天的吃奶次数少于5次，或者超过10次，建议及时向医生咨询。

人工喂养的宝宝在满月以后，喂奶量从每次50毫升增加到80~120毫升。但到底应该吃多少，每个宝宝会有差异，妈妈可以凭借对宝宝的细心观察确定宝宝的奶量。如果妈妈没有把握，建议让宝宝自己来决定，即宝宝吃就喂，不吃就停止。千万不要反复往宝宝嘴里塞奶嘴，如果宝宝已经把奶嘴吐出来了，说明宝宝已经吃饱了，就不要勉强再喂了。

如何判断宝宝吃没吃饱

很多新手妈妈由于没有喂养经验，而且母乳喂养不像人工喂养，吃多少可以定量，因此很多妈妈不知道怎么判断宝宝吃没吃饱，也经常担心宝宝会吃不饱而不停地喂奶，导致宝宝长成了小胖子。其实，想要判断宝宝吃没吃饱，妈妈仔细观察这几个方面就行。

定期为宝宝称体重

健康的宝宝体重会逐日增加，由此可以判断平时的喂奶量是足够的。如果宝宝在没有患病的情况下，体重长时间增长缓慢，则说明宝宝每日的喂奶量可能是不够的。

听宝宝的吞咽声

宝宝吃奶的时候，能够连续吮吸、吞咽，并且能够听到"咕咚咕咚"的吞咽声，这种状态持续15分钟左右，且吃完后宝宝能够安静地入睡，说明宝宝已经吃饱了。如果哺乳的时候，宝宝有时候猛吸一阵，再把乳头吐出来哭闹，哺乳之后也仍啼哭，且宝宝的体重没有明显的增加，这些多是宝宝没有吃饱的表现。

观察宝宝睡觉的状态

宝宝吃完奶后安静地睡着了，一直到下一次吃奶前才哭闹，这是宝宝吃饱的表现。如果宝宝吃奶的时候看上去很费劲，吮吸一会儿就睡着了，不到2小时又开始哭闹，这多是没有吃饱的表现。

留意宝宝的大小便

2个月以后的宝宝，小便次数和频率会减少，但是量仍然保持。宝宝尿液的颜色也能帮助判断有没有吃到足够的奶水，并从中获得充足的水分。浅色或无色的尿液表明宝宝体内的水分充足；深色、苹果汁一样颜色的尿液则表明宝宝摄入的水分不足。

这个阶段宝宝的消化道趋于完善，大便次数会减少，一般每天一次。有些母乳喂养的宝宝虽然吃了足够的奶，但三四天才排便一次，也是正常的。只要宝宝体重增加正常，没有任何不适，排便次数较少也是正常现象。如果宝宝的大便颜色发暗发绿、量少稀薄，且宝宝的体重增加缓慢，则有可能是因为吃奶量不够导致的。

人工喂养的宝宝要及时补水

母乳喂养的宝宝不需要额外补充水分，人工喂养的宝宝则需要补充水分。年龄、室温、活动量、体温等都会影响宝宝对水的需要量。一般来说，宝宝每日每千克体重需要120～150毫升水，建议在喂奶的间隙适当补充水分。并且随着宝宝年龄的增长，喂水次数和喂水量都要适当增加。不要因渴而喝，宝宝真正口渴的时候已经表明体内水分失去平衡，身体细胞已开始脱水。

白开水是宝宝的最佳选择。白开水中的微生物已经在高温中被杀死，所含的钙、镁等元素对身体很有益。不过要注意给宝宝喝新鲜的白开水，如果白开水在空气中暴露4小时以上，生物活性就会丧失70%以上。

宝宝的胃肠道非常娇嫩，过冷或过热的水都容易损伤胃肠道，影响消化能力。因此，建议给宝宝喂温开水，40℃左右的白开水最佳。

4～6个月婴儿

宝宝渐渐长大了，头可以抬得稳稳的了，会翻身了，有些宝宝已经开始长牙了。除了喝母乳或配方奶，这个阶段的宝宝可以开始添加辅食了。这个阶段，很多妈妈要返回工作岗位了，许多问题会困扰妈妈，例如，宝宝离开妈妈会不会吵闹？宝宝能不能吃饱？继续母乳喂养吗？要不要添加配方奶？

正确应对与宝宝的分离

到了这个阶段，妈妈的产假马上就要结束，需要重返工作岗位，很多妈妈会产生分离焦虑。妈妈需要提前做好准备，尽量与家人、同事和领导进行积极沟通，获得他们的支持。加强家庭成员的支持，营造轻松愉快的家庭氛围，能够帮助妈妈减轻压力、调整心态，保持轻松心情。

宝宝对妈妈的依赖，并不是宝宝真的离不开妈妈，而是宝宝对妈妈有内在需求。如果妈妈离开，其他人不能像妈妈那样照顾好自己，像妈妈那样贴心，宝宝就没有了安全感！在妈妈准备返岗之前，看护人要有一段与妈妈共同看护宝宝的经历，看护人要先了解宝宝的生活习惯和重要的注意事项，让宝宝可以顺利脱离母亲，不至于造成身体上、情感上的不适应，要让宝宝觉得"这也是我可以依赖的人"。

坚持母乳喂养

一旦妈妈重返职场，每天面临工作和生活上的压力，可能会感到很辛苦、很疲惫，但还是建议各位职场妈妈能够继续坚持母乳喂养，这样有利于帮助妈妈维系母子间的亲密关系，而且母乳喂养时释放的激素能够帮助妈妈缓解压力。掌握一些背奶技巧，也许能帮职场妈妈更容易地坚持母乳喂养。

- 提前准备好吸乳器、备用的吸乳配件、储奶瓶或储奶袋等背奶装备。
- 在上班前 2 周左右，妈妈可以根据上班后的吸乳计划开始吸乳，让自己提前适应，也可以保证在上班前有一定的母乳库存。
- 提前让家人参与育儿，让宝宝开始熟悉看护人和接受奶瓶喂养。
- 与同事、领导沟通背奶计划，特别是吸乳时间与吸乳场所的安排。
- 上班后，妈妈需要保证与平时喂奶节奏相当的吸乳次数，以便收集足够的母乳并维持泌乳。
- 吸出的乳汁可在冰箱或冰包内保存，以最大限度地保持母乳的活性。
- 上班后妈妈要保证休息和健康饮食，维持好心情，有利于保持奶量。

妈妈要上班了，宝宝不吃奶瓶怎么办？

吸吮乳头和奶嘴的感受是不同的，突然改成奶瓶喂养，口感有变化，宝宝可能会抵触，妈妈要理解宝宝的需求，采取多种方法让宝宝更顺利地接受奶瓶喂养。

- 上班前1个月左右，每天给宝宝尝试使用奶瓶喂养2或3次，这能让宝宝更容易接受奶瓶。
- 在宝宝不太饿之前使用奶瓶进行喂养。
- 奶瓶喂奶时，将妈妈的一件衣服包在宝宝身上。
- 不要将奶嘴硬塞进宝宝的口中，而是把奶嘴靠近其嘴唇，让宝宝自己将奶嘴含入嘴里。
- 喂奶前用温水冲洗奶嘴，使其接近体温，让宝宝更容易接受。
- 尝试不同形状、材质和孔径大小的奶瓶、奶嘴，选择宝宝接受度高的奶瓶、奶嘴。
- 尝试不同的喂奶姿势。有些宝宝喜欢看着看护人，有的宝宝愿意背靠喂奶人；如果宝宝不愿接受奶瓶，妈妈还可以尝试用勺子或杯子等给宝宝喂奶。

宝宝的食量越来越大，要不要添加配方奶？

进入这个阶段，职场妈妈要返回工作岗位了，没办法全心全意哺乳。此时，宝宝的食量越来越大，很多妈妈开始担心母乳可能吃不饱了。如果感觉母乳不那么充足了，可以先给宝宝添加一次配方奶，如果每天需要添加150毫升以上，那就一直添加下去，进行混合喂养；如果添加的配方奶一天不足150毫升，说明母乳还能够满足宝宝的需求，也就不需要每天定量添加配方奶了。

需要注意的是，如果给宝宝添加配方奶，每次喝完奶后要给宝宝补充适量的水分。这样不仅可以清除口腔内残余的牛奶，还能冲洗掉附着在喉咙上的牛奶残渣，有利于清洁宝宝的口腔，并滋润宝宝的喉咙。

6 个月是添加辅食的黄金期

对于添加辅食这件事，很多问题困扰着妈妈：什么时候给宝宝添加辅食？给宝宝添加哪些辅食？如何让宝宝喜欢吃辅食？为宝宝添加辅食确实是一门学问，且与宝宝的健康成长密切相关，因此爸爸妈妈很有必要了解如何为宝宝添加辅食。

6 个月以后可以为宝宝添加辅食

一般来说，母乳可以全面满足6个月内宝宝所需的全部营养素，是宝宝的最佳食品。因此，在喂养宝宝的过程中，前6个月宜纯母乳喂养，6个月以后再开始添加辅食。但是，每个宝宝的生长发育情况存在个体差异，对于人工喂养的宝宝来说，可以稍早一些，4~6个月时就可以开始尝试给宝宝添加辅食了。

辅食添加的原则

给宝宝添加辅食时，要坚持以下原则：

每次只能添加一种

给宝宝添加辅食时，千万不要一次添加好几种辅食，否则很容易产生不良反应。对于不同品种、不同味道的食物，宝宝有一个循序渐进的适应过程。一般来说，每次添加一种新食物，需要观察3~5天，如果没有出现不良反应、排便正常，才能尝试再添加新的食物。

食量由少到多

尝试新的辅食时，建议由一勺尖的量开始添加，如果宝宝食用后没有不良反应，再慢慢增加量。

浓度由稀到稠

最初可以将辅食做成含水分较多的流质食物，宝宝如果能够顺利吞咽，不呕吐、不呛着噎着，再过渡到半流质，最后过渡到泥状。

食物由细到粗

添加辅食的初期，不要尝试添加肉糜、米糊等，宝宝还不能接受这些颗粒粗大的食物，而且会因为吞咽困难而产生恐惧心理。正确的添加顺序是：汤汁—稀泥—稠泥—糜状—碎末—稍大的颗粒—稍硬的颗粒—块状。

爸爸妈妈需要注意，在为宝宝添加辅食的过程中，如果宝宝出现腹泻、过敏或大便里有较多的黏液等状况，应立即停止辅食喂养，待宝宝身体恢复正常之后再添加辅食。如果有令宝宝过敏的食物，则不可再添加。

四类辅食添加全过程

水果类

水果类辅食应从过滤后的鲜果汁开始，到不过滤的果汁，再到用勺刮的水果泥，接着到切好的水果块，最后到整个水果让宝宝自己拿着吃。

蔬菜类

蔬菜类辅食从过滤后的菜汁开始，到菜泥做成的菜汤，然后到菜泥，再到碎菜。

粥饭、面点类

从米汤开始，然后是米糊，再到稀粥、稠粥、软饭，最后到正常米饭。面食从面条到面片、疙瘩汤、面包、饼干、馒头、饼。

肉蛋类

肉蛋类辅食从鸡蛋黄开始，到整个鸡蛋，再到虾肉、鱼肉、鸡肉、猪肉、羊肉、牛肉。

辅食喂养有技巧

刚开始给宝宝添加辅食时，由于已经习惯了奶嘴，有些宝宝并不能顺利地接受辅食，会出现哭闹、拒食的现象，妈妈不要因此而烦恼，一定要有耐心，坚持由少量到适量、由一种到多种、由细到粗、由稀到稠的原则，再运用一些技巧，宝宝最终一定会接受的。

每次给宝宝添加辅食时，都要从一勺尖开始，宝宝吃完以后注意观察他的反应。建议在宝宝饿的状态下喂食，这样宝宝看到食物就会手舞足蹈，很容易吃进去。如果宝宝不饿，对食物的兴趣就不会太大，此时一定不要强迫喂食，否则容易给日后接受辅食带来极大的负面影响。

喂辅食时，宝宝吐出来的食物可能比吃进去的还多，有的宝宝一看到妈妈要喂食就会把头转过去，避开勺子或紧闭双唇，甚至哭闹起来。遇到这些情况，妈妈也不必紧张。在添加辅食之前，宝宝一直是以吮吸的方式进食的，而米糊、果泥、菜泥等辅食需要宝宝通过舌头和口腔的协调运动，把食物送到口腔后部再吞咽下去，这对宝宝来说是一个很大的飞跃。因此，刚开始添加辅食时，宝宝会很自然地顶出舌头，似乎要把食物吐出来。这是喂辅食的一个过程，等宝宝渐渐适应了，咀嚼能力变强了，这种情况就会慢慢消失。

此外，妈妈在给宝宝准备辅食时，要使食物温度保持为室温或比室温稍高一些；勺子应大小合适，每次只喂一小口；喂食时将食物送到宝宝的舌头中央，让宝宝便于吞咽，但也不能把勺子过深地放入宝宝的口中，以免引起宝宝呕吐，从而排斥辅食和勺子。

辅食添加的误区

误区一：辅食代替乳类

有些妈妈认为，宝宝既然可以吃辅食了，就可以减少或者停止喂母乳或配方奶了。这种做法是错误的。宝宝虽然能吃辅食了，但母乳仍是宝宝的最佳食物，是任何辅食都无法替代的，辅食只能作为补充食品。

误区二：多添加点调味料，味道更好，宝宝更喜欢吃

宝宝的身体内脏比较娇嫩，很多功能尚不完善，而调味料的主要成分是氯化钠，食用后对宝宝的健康会产生不利影响，一般在宝宝1岁前不建议添加任何调味料。当宝宝长到1岁左右，随着肾脏功能和消化系统功能的逐渐发育，可以适当地添加调味料。

误区三：蜂蜜水甜甜的，宝宝喜欢喝

蜂蜜确实香甜可口，而且富含维生素、葡萄糖、果糖、多种有机酸和有益人体健康的微量元素。但是蜂蜜中可能存在肉毒杆菌芽孢，大人的抵抗力强，食用后不会出现异常，但宝宝的抵抗力较差，肠道菌群发展不平衡，食用后容易引起不良反应。

误区四：不让宝宝吃任何零食

有些妈妈认为零食有很多添加剂，吃了对宝宝的健康无益，从不让宝宝吃零食。其实这种想法是不对的。研究显示，宝宝适当地吃一些零食有助于营养均衡，是宝宝摄取多种营养的一条重要途径。但是妈妈在挑选零食时，应选择清淡、易消化、有营养的小食，如新鲜水果、果干、奶制品。零食不能太甜、太油腻，建议妈妈平时自制一些小零食给宝宝吃，这样能保证原材料的品质，也不用担心食品添加剂的问题。

给宝宝吃零食，还要注意把握好度。一般来说，吃零食的时间应安排在两餐之间，每次控制好量，不能影响正餐。

7 ～ 9 个月婴儿

这个阶段的宝宝大多已经开始长出小乳牙，具备了咀嚼能力，对食物也越来越喜欢了。

继续母乳喂养

世界卫生组织建议，在条件允许的情况下，母乳喂养可以持续到2岁。宝宝长到6个月后，从母体带来的免疫力消失了，而此时宝宝自身的免疫力较弱，这也是为什么宝宝过了半岁后容易生病的原因。而母乳喂养的宝宝能继续从母体中获取免疫力，抗病能力会更强。

固体辅食巧添加

宝宝从吮吸乳汁到用碗、勺吃半流质食物，再到咀嚼固体食物，食物的质和饮食行为都在发生变化，这对宝宝提高食欲大有帮助，同时对宝宝掌握吃的本领也是一个学习和适应的过程。到了7~9个月，宝宝基本能够靠支撑物的帮助坐起来，能稳定地控制自己的脖子，并且可以把头从一侧转向另一侧，此时宝宝口腔唾液淀粉酶的分泌功能日趋完善，神经系统发育较成熟，而且舌头的排斥反应消失，可以掌握吞咽动作了，正是给宝宝添加固体食物的最佳时机。

喂固体食物可以从谷类食物开始，因为谷类食物引发过敏反应的可能性最小。开始时注意控制量，一般用一勺谷类食物混合几勺母乳。固态食物不宜太稠，应呈流质，且需要用适合宝宝的勺子喂，让食物慢慢流进宝宝的嘴里。

继续添加辅食，但不能减少奶量

此阶段继续给宝宝添加辅食，可以添加肉末、豆腐、整个蛋黄、苹果泥、猪肝泥、各种菜泥等。新添加的食物仍然要一种一种添加，且从小量开始添加，宝宝吃过后没有出现任何不良反应才能适当加量。

－豆腐－

－蛋黄－

－苹果－

虽然宝宝可以吃的辅食越来越多，但是这个时期的宝宝还是要以母乳为主食。授乳量虽然会慢慢减少，但仍应保证每天至少授乳3或4次，总量达到500~600毫升。

有些乳汁充盈的妈妈为了图省事，迟迟不给宝宝添加辅食，这种做法是不对的。不管妈妈的乳汁是否充盈，宝宝满6个月就应该添加辅食了。为什么喂母乳后还需要添加辅食呢？原因之一是妈妈的乳汁中所含的铁已经远远跟不上宝宝的身体需求了；原因之二是6个月后宝宝进入长牙期，需要接触各种辅食来锻炼咀嚼能力。因此，妈妈不能为了图省事，而只喂宝宝母乳或配方奶。

宝宝挑食、偏食巧应对

到了宝宝七八个月时，很多妈妈发现宝宝开始挑食了，为什么？这是因为随着宝宝越长越大，味觉发育也越来越成熟，对各类食物的好恶表现得越来越明显。一般来说，味觉越敏感的宝宝，挑食情况越严重。有些家长对宝宝挑食的情况不太重视，也没有及时纠正，时间长了就会养成偏食的习惯，对宝宝的健康成长十分不利。

宝宝挑食、偏食与家长的喂养方式有很大关系，很多家长给孩子制作辅食时会偏向于自己喜欢吃的食物，时间一长，就容易导致宝宝挑食、偏食。当宝宝出现挑食、偏食之后，爸爸妈妈也不要过于紧张，更加不能对宝宝采取强制措施。妈妈应该耐心诱导宝宝，对于宝宝来说，接受一种新的食物一般需要适应一段时间，这是很正常的。妈妈还可以采取一些小妙招来应对挑食、偏食的宝宝。

食物变变花样和形状，宝宝更喜欢。宝宝的好奇心很强，同样的食物变个花样，或者改变食物的颜色，又或者做成可爱的形状，如小花朵、小动物等，宝宝就会被吸引，可以增强宝宝进食的兴趣。

帮宝宝挑选可爱造型的餐具。爸爸妈妈可以将宝宝不喜欢吃的食物放到可爱的餐具中，宝宝的注意力会被形状可爱的餐具所吸引，吃的意愿就会大大提高。

将食物掺杂在一起。将宝宝不喜欢吃的食物掺入宝宝喜欢吃的食物中，最初可以少量掺杂，待宝宝习惯后可以逐渐加量。宝宝慢慢地就会习惯这种食物，不再抗拒了。

爸爸妈妈要做好榜样。家长要以身作则，做到不偏食、不挑食，经常在宝宝面前吃一些宝宝不喜欢吃的食物，并且要表现出很美味、很喜欢吃的样子，让宝宝认为这种食物很好吃，并且愿意尝试。

10 ~ 12个月婴儿

随着宝宝的成长，对营养的需求也越来越多，咀嚼功能和肠胃消化功能有了很大提高，宝宝的牙齿也迅速长出。进入这个阶段，宝宝已基本结束了以喝母乳或配方奶为主的饮食生活，宝宝的饮食应该开始由半固体向固体食物转变了。

慢慢让宝宝接受固体食物

宝宝马上就要进入幼儿期了，一旦宝宝进入幼儿期，就能和大人一样吃饭了。因此，逐渐引导宝宝吃固体食物是这一阶段的喂养重点。毕竟宝宝的咀嚼功能、肠胃功能、吞咽功能等与成人存在差距，因此给宝宝喂食固体食物时要循序渐进。妈妈可以先让宝宝学会吃软的固体食物，即比较好咀嚼、好吞咽的滑嫩的固体食物，如香蕉、草莓、芒果、木瓜、西红柿、软面片、软米饭、蒸南瓜以及各种肉泥丸子等。等宝宝逐渐适应了软的固体食物之后，再慢慢增加辅食的硬度。

妈妈如何判断该给宝宝添加固体辅食了呢？一般来说，宝宝能吃固体食物的表现主要是切牙全部萌出，舌体在口腔活动自如，能够做上下、左右和前后的运动。尽管宝宝还没有萌出磨牙，但是会用牙槽骨研磨食物。如果把食物放进宝宝的嘴里，食物会在宝宝的嘴里停留比较长的时间，而不是很快被吞咽下去，这说明宝宝已经可以适应固体辅食了。

吃固体食物时，最好让宝宝自己用手拿着送到口中，这样方便他自己掌握，妈妈只需要在一旁看着就好了。另外，吃东西时不要逗宝宝笑或惹宝宝哭，以免发生噎呛。

辅食的次数和量也应慢慢增加

除了慢慢为宝宝添加固体辅食，辅食的次数和量也应慢慢增加。可以在上午和下午各安排一顿辅食，等到适应了两顿辅食后，可以在中午吃饭时也增加一顿辅食，逐渐形成每天三餐的饮食模式。另外，在两顿辅食之间还可以给宝宝加餐，如水果、软面包、馒头片等，可以让宝宝自己用手抓着吃。

让宝宝轻松断奶

11~12个月的宝宝进入自由咀嚼时期，妈妈可以考虑在增加辅食次数以及数量的同时，为宝宝断母乳。断奶是一门学问，远没那么简单，很多妈妈在断奶的过程中会遇到各种问题。如何能在宝宝不抵触的情况下顺利断奶呢？新手妈妈快来学习一下吧。

断奶应注意的问题

宝宝断奶时妈妈最好不要和宝宝分开，否则易造成宝宝分离焦虑。在决定给宝宝断奶时，要确定宝宝辅食已经能够吃得不错了。

白天必须让宝宝吃饱。刚开始断奶时，应在白天喂断奶食品，且要在喂奶粉或母乳之前。这样就可以避免因晚上喂断奶食品，肠胃要不停地工作来消化这些食物，造成宝宝睡不好觉，爸爸妈妈也休息不好。

逐渐增加断奶食品的量。开始断奶的第一周，在喂配方奶或喂母乳前，建议喂4小勺断奶食品，而在早上只喂断奶食品，早餐选择谷类、牛奶和蛋黄等断奶食品。从第二周开始，可以喂蔬菜或果汁，但不能突然增加断奶食品的量，必须慢慢地增加。

断奶不是不喝奶

11 ~ 12个月的婴儿结束了以乳类为主食的时期，开始逐渐向成人的饮食过渡。但断奶并不代表宝宝不喝奶了，即使宝宝已经不吃母乳了，每天也应保证喝适量配方奶。如果在断奶刚开始时就停止授乳，容易导致宝宝营养不良，身体抵抗力下降，易患疾病。

不同喂养方式的断奶法

由于不同的宝宝喂养方式不同，断奶方法也存在一定的差异。纯母乳喂养的宝宝在断奶期间，可用配方奶代替一部分母乳，并逐渐增加配方奶和辅食的量，以减少宝宝对母乳的依赖。有些宝宝刚开始时可能会拒绝配方奶，妈妈可以先试着在配方奶或辅食中加入少量母乳，让宝宝适应其他食物的味道。妈妈喂奶时也要有意识地缩短宝宝吸吮的时间和延长喂奶的间隔时间，可以先从每日减少一次哺乳而以辅食来代替开始，逐渐减少哺乳的次数。宝宝半岁以后可以开始训练他用奶瓶或水杯喝奶或水，减少宝宝对乳头的依恋。

混合喂养的宝宝比纯母乳喂养的宝宝断奶要容易得多，在断奶期适应得也比较快，能较快地接受其他食物，只要慢慢减少喂奶的次数，大多数宝宝都能顺利断奶。刚开始断奶时可以先给宝宝减掉一顿母乳，相应加大辅食或配方奶的量，如果宝宝的消化和吸收情况都很好，就可再减去一顿母乳，增加辅食或配方奶的量。

断奶的目的是让宝宝能够获得更丰富的营养，并锻炼其咀嚼能力，妈妈应根据宝宝的发育情况一步一步进行，切不可操之过急，否则很难顺利断奶。

断奶期宝宝的饮食原则

断奶期的饮食如果安排不当，容易导致宝宝营养不良、体弱多病，也会给妈妈造成焦虑而放弃断奶。因此，宝宝在断奶期的合理饮食安排不仅要保证营养，还决定了能否顺利断奶。为了保证宝宝在减少母乳后能够获得足够的营养，断奶前妈妈就应该准备好能够代替母乳的食物，让宝宝逐渐适应断奶的过程。为宝宝准备断奶期的替代食物时应考虑这几个原则：

保证营养均衡。断奶期间，给宝宝的辅食种类应根据其生长发育情况逐渐增加，制作时应注意食物的合理搭配，宜选择富含蛋白质（鱼类、肉类、蛋类）、糖类（粥饭、薯类）、维生素（蔬菜、水果）等多种营养素的食物，保证营养均衡。

饮食结构合理。断奶初期宝宝的饮食要以母乳或配方奶喂养为主，适量添加辅食，每天应保证500毫升以上的授乳量。辅食的添加要以碎、软、烂为原则，首选质地软、易消化的食物，食物应一种一种添加，添加量由少到多。

先吃辅食再喂奶。断奶期间，为了让宝宝能够逐渐适应辅食的味道，应先喂辅食后吃奶。这样可以在宝宝饥饿的时候喂辅食，防止宝宝吃奶后有饱腹感而对辅食不感兴趣。在宝宝吃完辅食后，妈妈再喂母乳或配方奶，让宝宝一次吃饱。这样可以提高宝宝对辅食的兴趣，降低断奶的难度。宝宝吃过辅食后再吃奶还可使宝宝吸吮量减少，从而使母乳的分泌量也逐渐减少，减轻妈妈胀奶的痛苦。

让宝宝爱上辅食。只有宝宝爱上吃辅食，并自己慢慢学着吃饭，才能从辅食中获得更多的营养，并逐渐断离母乳。一开始添加辅食时很多宝宝会拒绝，妈妈要有耐心，根据宝宝的发育情况尽可能选择丰富多样的食材，并制作美味可口、营养的辅食，以增加宝宝对辅食的兴趣。这也是宝宝能否顺利断奶的重要因素之一。

断奶前后的饮食衔接很重要。建议妈妈让宝宝的一日三餐都和大人一起吃，再加两次奶，如果可以的话，建议再加两次水果。如果是母乳喂养，可在早起后、午睡前、晚睡前和夜间醒来时喂奶，尽量不在三餐前后喂，以免影响宝宝的正常进餐。

1～3岁幼儿喂养

1 ～ 3 岁幼儿的成长发育指标与特点

1 ～ 3 岁幼儿成长发育指标

1 ～ 3 岁男宝宝成长发育指标

男宝宝			
月龄	身高（cm）	体重（kg）	头围（cm）
15	71.2 ～ 88.9	7.68 ～ 14.88	43.2 ～ 51.1
18	73.6 ～ 92.4	8.13 ～ 15.75	43.7 ～ 51.6
21	76.0 ～ 95.9	8.61 ～ 16.66	44.2 ～ 52.1
24	78.3 ～ 99.5	9.06 ～ 17.54	44.6 ～ 52.5
27	80.5 ～ 102.5	9.47 ～ 18.36	45.0 ～ 52.8
30	82.4 ～ 105.0	9.86 ～ 19.13	45.3 ～ 53.1
33	84.4 ～ 107.2	10.24 ～ 19.89	45.5 ～ 53.3
36	86.3 ～ 109.4	10.61 ～ 20.64	45.7 ～ 53.5

1～3岁女宝宝成长发育指标

女宝宝			
月龄	身高（cm）	体重（kg）	头围（cm）
15	70.2～87.4	7.34～14.02	42.2～50.0
18	72.8～91.0	7.79～14.90	42.8～50.5
21	75.1～94.5	8.26～15.85	43.2～51.0
24	77.3～98.0	8.70～16.77	43.6～51.4
27	79.3～101.2	9.10～17.63	44.0～51.7
30	81.4～103.8	9.48～18.47	44.3～52.1
33	83.4～106.1	9.86～19.29	44.6～52.3
36	85.4～108.1	10.23～20.10	44.8～52.6

1～3岁幼儿各项能力特点

1～3岁孩子虽然体格发育的速度比婴儿期慢，但大脑和神经系统的功能却在加速发育、发展。

运动能力

1.0～1.5岁是孩子练习走路的主要时期，在这个阶段，由于不能很好地掌握身体的平衡，孩子极易摔倒。1岁半以后的孩子基本可以行走自如，喜欢到处触摸，对周边的一切都充满好奇，想去触摸他能看到、拿到的物品，甚至放在嘴里品尝，所以家长一定要细心照顾，注意孩子的安全，谨防意外烧烫伤，热水瓶、消毒剂、药品等要放在孩子够不着的地方，电源插座要用胶带封好。

接近 2 岁时，孩子能练习跑步、爬上爬下，手指的精细动作也开始发展，可以用两个手指准确地捏住较小的物品。2～3岁孩子的四肢运动和协调性进一步增强，可练习跳舞、做操或做一些复杂的动作，手指的精细动作进一步发展，可握笔画出不太规整的圆圈。

语言能力

1~2岁的孩子开始学习用单字、单词、短句来表达自己的需求，爸爸妈妈要多和孩子进行语言交流，结合日常生活、游戏和户外活动来帮助孩子学习和掌握更多的字、词、短句。2~3岁是孩子语言飞速发展的时期，可通过学儿歌、讲故事等方式激发孩子学习语言的积极性。

认知能力

1~2岁的孩子对周围事物充满了好奇心，爸爸妈妈要积极地引导孩子去认识、感知新的事物，例如听到鸡的叫声，可以带孩子去看看鸡啼叫的样子，还可以和孩子一起模仿鸡的声音。

2~3岁的孩子能积极主动地对周围环境进行探索，在探索中通过对周围事物的注意、记忆、思考、想象等认识过程发展认知能力。注意和感知是幼儿其他认知能力发展的基础，孩子的注意力易受影响，且易转移分散，家长应积极地引导孩子去感知外界事物，结合游戏、户外活动、看动画片、讲故事等趣味性强的活动来吸引孩子的注意力。

情感表达

1~2 岁的孩子具有快乐、喜爱、害怕、厌恶、愤怒、悲伤、嫉妒等情感表现。2~3 岁孩子的情感更为丰富，三大高级情感（道德感、美感和理智感）开始萌发。家长要正确对待孩子的情感表达，通过讲故事、看动画片和日常生活的点点滴滴，让其了解和掌握各种行为规范，培养孩子健康而丰富的情感。

社会行为能力

1~3岁孩子的社会行为能力主要表现在与成人、小朋友相处时的态度、行为、情感等方面，这是孩子今后社会情感、社会适应能力发展的基础，爸爸妈妈应给予孩子正确的引导与教育，防止或纠正孩子孤僻、任性、霸道等不良行为，使孩子的社会行为获得健康发展。家长可以通过做游戏，让孩子学会与他人分享、遵守规则等。同时要告诉孩子，游戏中需要轮流玩耍，也需要礼貌地对待伙伴。家长平时多和孩子聊聊天，多进行亲子阅读，在聊天和阅读的过程中教会孩子懂礼貌，如见人要问好、面对长辈的询问该怎么回答等，这些都有利于社会行为能力的提高。

1~3岁幼儿的喂养须知

1~3岁幼儿饮食原则

1~3岁的孩子的生长速度比婴儿期会有所减慢，但仍属于快速生长时期。在此阶段，孩子的各项生理功能逐渐趋于完善，牙齿基本已经萌出，咀嚼能力变强，消化能力增强，基本可以和大人一起用餐。但是由于孩子处于生长发育的旺盛阶段，所需营养很高，如果营养供应不足会导致发育迟缓、抵抗力下降，甚至发生营养缺乏症。而且孩子的咀嚼能力及消化能力还不及成人，胃肠道对于粗糙食物比较敏感，因此家长需要根据孩子的生理特点，给予合理膳食，保证孩子健康成长。

继续摄入足够的奶量

1岁以后，很多妈妈已经给孩子断奶了，辅食不断增加，奶量逐渐减少了。虽然随着孩子的生长，宝宝逐渐与大人一日三餐同步，但是奶类同样是不可缺少的。如果条件允许的话，母乳仍然是幼儿理想的奶源，可以坚持母乳喂养直到2岁。对于已经断奶的孩子，每天至少要喝350毫升配方奶，以保证营养素的摄入。此外，脂肪是孩子能量的重要来源，2岁以下的孩子不建议饮用脱脂奶。

如果孩子因为乳糖不耐受或牛奶蛋白过敏等喝不了奶制品，可用酸奶替代，也可通过其他替代食品来补充蛋白质和钙质，如鸡蛋、豆制品等，2个鸡蛋所提供的优质蛋白质就相当于350毫升液态奶中的蛋白质含量。豆腐、豆浆等豆制品的蛋白质含量和牛奶类似，而且豆制品中还含有卵磷脂、不饱和脂肪酸、大豆异黄酮、维生素D、铁等营养物质，有利于孩子的健康。需要注意的是，豆制品的含钙量不如奶制品，如果用豆制品来代替牛奶，妈妈要注意给孩子补钙。

进餐次数和进餐时间要合理安排

孩子的胃比成年人小，不能像大人那样一餐进食很多。而且，孩子正处于快速生长期，对营养的需求量也比大人多，因此每天进餐次数不能像大人那样以一日三餐为标准，应该进餐次数多一些。进餐次数建议为"3+2+2"，即早中晚三餐+每两餐间隔吃一次加餐+早晚分别进食一次奶。加餐以水果、酸奶、细软面食为主，餐量不要太多，以免影响正餐。晚餐后也可以加奶类、水果或其他健康零食，但不要在睡觉前给宝宝吃甜食，以免发生龋齿。

各餐营养比例搭配好

按照"早餐吃好，午餐吃饱，晚餐吃少"的原则进行营养搭配，把食物合理安排到各餐中。为了满足宝宝上午活动所需的热量及营养，早餐除主食外，还要加些乳类、蛋类和豆制品、青菜、肉类等食物，午餐进食量应高于其他各餐。另外，宝宝身体对蛋白质的需求量也很大，需要多补充些蛋白质。

注意食物品种的多样化

为了孩子能够摄入均衡的营养，建议家长每天给孩子安排的饮食要包括主食、豆类、肉、鱼、蛋、奶、蔬菜、水果等，食物的品种要保证10种以上，每周至少摄入30种。家长可以将不同营养、不同颜色的食物搭配食用，以保证孩子吃到营养全面的食物，例如什锦饭，可将豌豆、胡萝卜、鸡蛋、虾仁（切碎）与大米一起做成炒饭，色美味鲜，营养丰富。

一般来说，每天应吃主食100～150克，肉、蛋、鱼类食品约75克，蔬菜100～150克。当然，这只是一个参考量，家长可以根据孩子的具体情况进行调整，只要孩子精神好、消化好、生长发育都正常，就说明食物量是适宜的。

合理烹调，少添加调味料

给宝宝准备食物不能根据大人口味的喜好来做，要以天然、清淡为原则，宜采用蒸、煮、炖、煨的加工方式。理论上这个阶段孩子可以吃糖、盐、油、酱油了，但是不应添加过多。孩子容易对调味料上瘾，从小就喜欢重口味，不利于宝宝的味觉发育，还会加重肾脏负担，对身体十分不利。

多吃有利于牙齿健康的食物

此阶段孩子的牙齿已经萌出，因此家长要经常给宝宝吃一些对牙齿健康有帮助的食物，比如奶酪、酸奶等奶制品，不仅能够坚固牙齿，而且还有去除牙菌斑的作用。黄豆、海带、木耳等食物中也含有较多的钙、磷、铁和氟，有助于宝宝牙齿的钙化。蛋白质对牙齿的形成、发育、钙化也起着重要作用，富含蛋白质的食物包括动物肉类、大豆及其制品、蛋类、奶类、干果类等。

尽量避免或少摄取对牙齿发育不利的食物，少喝或不喝含糖高的饮料，少吃甜食和点心。这些食物除了会使宝宝食欲不振以外，还为细菌的生长创造了有利的环境。另外，最好不要给宝宝喝碳酸饮料，因为它不但有脱钙的作用，而且里面所含的酸性物质会损坏釉质，对牙齿不利。

此外，随着孩子的乳牙不断萌出，咀嚼能力也越来越强，家长应当逐步添加固体食物，以锻炼孩子的咀嚼能力，促进牙齿的生长。平时可以将馒头、面包直接掰成小块给孩子吃，大米可以煮成软饭，水果可以切成小块，让孩子自己拿着吃。

保证孩子的饮水量

水对孩子的生长发育非常重要，而且孩子的活动量较大，出汗多，肾脏尚未发育完成，容易出现缺水现象，因此，家长一定要及时给孩子补充水分。对1~3岁的孩子来说，每天每千克体重所需水约125毫升，家长可根据自己孩子的体重来确定孩子每天的需水量。比如一个重15千克的孩子，每天需水量就是15×125=1875毫升。当然，这个需水量包括食物中的水分，不是单指饮水量，同时还要根据季节、气温、出汗多少进行调整，但饮水量要保证不低于600毫升。最好以白开水为主，少量多次地饮用，切不可一次性大量饮水，这样会加重胃肠负担，使胃液稀释，既降低了胃酸的杀菌作用，又会影响对食物的消化吸收。

科学安排孩子的零食

很多家长都说，孩子特别喜欢吃零食，有时候都不吃饭了。这种情况其实都是家长溺爱、放纵的结果。大部分的零食都是不健康的，不光含有大量食品添加剂，还有很多的盐、脂肪和热量，孩子吃多了不仅影响正餐的摄入，还会增加肥胖、高血压的风险。所以，为了孩子的健康，在吃零食方面家长一定要把握好。

孩子的零食，要选健康的

市面上针对孩子售卖的零食种类太多了，家长在帮孩子挑选零食时，应选择营养价值高、新鲜卫生、易消化的食物做零食，如水果、乳制品、坚果等。需要注意的是，坚果类零食易吸入气管，引起窒息，家长最好将坚果打成粉或加工成糊状、膏状后再给孩子吃。

油炸食品、膨化食品、糖果、碳酸饮料、冷饮、果冻等食品包含各种添加剂和色素，对孩子的身体十分不利，尽量不要选择。

孩子吃零食要控制好量和时间

现在生活条件好了，满足孩子的零食欲望已不成问题。在很多家庭里，零食成了居家必备食品。不过，为了孩子的健康成长，家长要控制好孩子吃零食的量和时间。不能让孩子一次吃太多零食，一定要适量，不能影响或代替正餐，如水果每次吃100克、坚果每周吃50克即可。吃零食和吃正餐之间至少要相隔2小时，正餐前1小时内不要给孩子吃零食，否则会影响孩子正餐时的食欲。看电视时不要给孩子吃零食，容易在不知不觉中吃进去过多零食，导致肥胖。睡觉前1小时不要给孩子吃零食，否则会增加肠胃负担，影响睡眠或导致肥胖，且大部分零食所含糖分较多，睡觉前吃容易长龋齿。

健康的零食可以自己做

孩子特别想吃零食，妈妈如果有时间，可以自己动手做，自制零食健康、营养又卫生，如果和孩子一起动手做，能锻炼孩子的动手能力，让孩子了解到食物的来源，还促进了亲子关系。饼干、面包、酸奶、绿豆汤、果汁等零食制作起来比较简单，是不错的选择。

1～3岁幼儿日常护理重点

从小培养好的生活习惯

幼儿时期是培养饮食卫生习惯最重要的阶段，从小养成良好的饮食卫生习惯，有利于孩子的健康和智力发展。因此，在1～3岁这个阶段，家长可以开始培养孩子的各种习惯。

教育孩子养成勤洗手的习惯，防止病从口入。做到不喝生水、不吃零食、不偏食、不边吃边玩、不吃不清洁的东西，生吃瓜果要洗净去皮。

培养孩子良好的睡眠习惯，保证宝宝充足的睡眠。睡前不要做令人紧张的游戏或听恐怖的故事，以免过分兴奋。

养成搞好个人卫生的好习惯。定期洗头、洗澡，早晚刷牙，定期修剪指甲。

从小养成正确的坐姿、站姿、阅读姿势等。

通过各种游戏培养宝宝进行适当锻炼的兴趣，增强宝宝的体质，提高对疾病的抵抗能力。

保护好孩子的乳牙，养成早晚刷牙的好习惯

孩子未长牙之前，就应该保持口腔清洁。每次喂食完毕，妈妈可拿湿纱布或毛巾抹去宝宝口中的奶渣。

孩子小牙长出后，可以用湿纱布或软毛小牙刷帮宝宝刷牙。在学会自己使用牙刷之前，可以先教孩子学会漱口。漱口能够漱掉口腔中部分食物残渣，是保持口腔清洁的简便易行的方法之一。将水含在口内，闭口，然后鼓动两腮，使口中的水与牙齿、牙龈及口腔黏膜表面充分接触，利用水的力道反复来回冲洗口腔内的各个部位。可以先做给孩子看，让孩子边学边漱，逐步掌握。

当孩子学会了漱口后，可以开始教孩子刷牙了。家长先为孩子准备合适的牙膏、牙刷和漱口杯，引起孩子的兴趣，再借机教孩子刷牙。

如果孩子还不会吐出泡沫，可以先不使用牙膏。家长可以让孩子对着镜子，张开嘴观察自己的牙齿，把牙刷蘸上清水或淡盐水，先学会刷门牙，再把牙刷横着伸进嘴里，上下刷。两边完成后，再用刷毛轻轻地刷上下牙齿的接触面。最后再漱口，清洁牙齿。教孩子刷牙的时候要细致，还要不时地鼓励孩子，让孩子喜欢上刷牙，养成良好的口腔护理习惯。一般让孩子跟着父母学刷牙三四次之后，就能够学会了，每天要坚持早晚各刷一次。

需要家长注意的是，孩子刚学会刷牙可能刷不干净，爸爸妈妈应帮孩子检查牙齿并替他彻底刷干净，必要时用牙线清洁牙齿，去除牙缝间的牙菌斑。除了教会孩子早晚刷牙外，还要告诉孩子吃完东西要漱口。

让孩子养成独立吃饭的好习惯

2岁之后的宝宝动手能力比较强，爸爸妈妈可以在家里准备专门的餐椅，让宝宝独自吃饭。吃饭前后一定要养成良好的习惯。吃饭前要把小手洗净、擦干，然后穿上围兜，端正地坐在小椅子上，等爸爸妈妈上餐。刚开始宝宝不会做这些准备工作，爸爸妈妈要耐心地引导，直到督促宝宝自己完成。

刚开始训练孩子独立吃饭时，爸爸妈妈可以喂孩子一部分食物，等快要喂完的时候，把剩下的食物给孩子自己吃，再逐渐过渡到一开始就让孩子自己进食。吃饭的时候爸爸妈妈尽量不要帮宝宝夹菜，以免阻碍孩子的动手能力。

养成良好的排便习惯

良好的排便习惯包括：孩子不会说话时，会用表情、肢体或形体语言表示要排便；会说话但不能完全自理时，会用语言表达要排便，并在家长的帮助下顺利排便；在身心发育较完善时，能做到定时、定点排便，不随地大小便。孩子2岁左右能收放自如地控制自己的身体，也能意识到什么时候要排便，此时便是排便训练的好时机。

排便训练需要家长一步一步指导孩子完成，切不可操之过急，否则会适得其反，让孩子产生抵抗心理。家长可以按照以下步骤来引导孩子慢慢学会自主排便。

让孩子了解便盆

家长给孩子购买一个适合孩子使用的便盆，或给普通马桶加个儿童马桶圈，不管选择哪一种，只要确保孩子双脚能踩地坐稳就可以。家长向孩子介绍便盆的作用和使用方法，并鼓励孩子每天在便盆上坐一会儿，让孩子熟悉便盆。

鼓励孩子想排便时用便盆

当孩子表示出有便意时，家长应立即带孩子到便盆处去排便。每当孩子能自己控制住大小便时，应提出表扬，让他产生一种自豪感，增强孩子的自信心。鼓励孩子一想排便的时候就用便盆，并对孩子经常提醒、反复强化，加深孩子对坐便盆排便的印象。

摆脱尿布、纸尿裤

白天在家里玩的时候，不给孩子使用尿布或纸尿裤，把便盆放在旁边，并告诉孩子，需要大小便时可以使用便盆，并且时不时地提醒他便盆就在旁边。如果孩子明白了，并且使用便盆尿尿或大便了，家长要多给予鼓励；如果孩子尿湿裤子了，也不要批评他，多次反复练习，孩子就会逐渐习惯不使用尿布或纸尿裤，坐在便盆上排便了。

夜间如厕训练不能急

为了让孩子在夜间也能控制排便，家长可采用让孩子睡前排空、睡前不喝太多水或奶、夜间停止使用尿布、睡眠中唤醒孩子等方法。不过，夜间孩子对膀胱的控制比白天要差，所以即使孩子整个白天都能用便盆排便，但让他掌握在夜间有良好的膀胱控尿能力可能还需要更长的时间，所以有些孩子4岁了还会尿床，家长也不必着急，耐心训练即可。

培养好的睡眠习惯

很多家长抱怨孩子晚上睡觉太晚或者睡觉时睡得不踏实，担心影响孩子的生长发育。人体的生长激素是在深度睡眠的状态下分泌的，如果孩子睡不好、精神差，对疾病的抵抗力就会降低，容易生病。因此，睡眠对孩子来说至关重要，家长一定要从小给孩子培养好的睡眠习惯，让孩子能睡得安稳、舒适。

新生儿大部分时间都在睡觉，一天累计的睡眠时间在18~22小时。随着孩子年龄的增长，其睡眠时间也会逐渐缩短，1~3岁的宝宝睡眠时间在12~13小时，这个睡眠时间是包括了午睡时间的。因此，白天孩子睡觉的时间不能过长，一般睡1.5~3.0小时即可，可以上午睡一小觉，下午再睡一小觉。如果白天睡觉时间过长，晚上就会难以入睡。此外，孩子的睡眠环境、睡前太兴奋或太疲劳都会导致孩子睡不踏实。那么，家长如何做才能提升孩子的睡眠质量呢？

首先，为孩子建立一个温馨、独立、安静、舒适的睡眠环境。睡眠环境包括合适的温度、湿度、光线、声音、色彩。室内温度应保持在18~25℃，室内湿度应保持在45%~55%。睡觉时光线不能太强，白天睡觉要拉上窗帘，晚上睡觉不要开灯。

其次，做好睡前准备。引导孩子进行睡前准备工作，如刷牙、上厕所、换纸尿裤和睡衣等，让孩子意识到睡前准备工作做完就该睡觉了。

最后，为孩子建立一套固定的睡前程序，营造有利于孩子尽快入睡的睡觉氛围。例如，家长和孩子约定每晚睡前道晚安；完成约定道晚安后进入卧室，与孩子一起唱约定的睡觉歌曲或读睡前故事等；当孩子躺在床上进入睡眠姿势后关灯，让孩子自己入睡。

给孩子喂药有方法

1~3岁是孩子容易生病的时期，因为此时孩子从母体带来的免疫力已经消耗完了，但自身的免疫力尚未建立完善，很容易受到病毒和细菌的入侵，这就少不了吃药。给孩子喂药是令很多家长非常头疼的一件事，往往家长软硬兼施，半小时过去了药还是没喝下去，最后不得不捏着鼻子强行灌下去，结果药撒了不少，孩子还容易呛着。其实，给孩子喂药也是有方法、有技巧的。

喂药前的准备工作

喂药前家长仔细查看好药名和剂量，备好滴管、喂药器、小勺、带刻度的小量杯等。

如果吃的是药片，需要将药片研碎，倒入少许温开水，调成悬浊液。

喂药的姿势

给幼儿喂药一般需要两个家长来操作，一个家长抱孩子，另一个家长喂药。家长坐在凳子上，孩子斜靠在家长的肘弯里，家长用一只手固定孩子的双腿（也可以把孩子的两条腿夹在大人的两腿之间），孩子的一条胳膊放在家长的身后，家长另一只手固定住孩子另一只胳膊。

喂药的方法

甜味的糖浆药可用小勺喂：

一个家长抱着孩子，另一个家长用手轻捏孩子的脸颊，让他张开嘴，然后将盛好药的小勺按在他的下嘴唇上，倾斜小勺，让药流到他嘴里。一次不宜喂太多，以免孩子反抗。

苦药用喂药器或滴管喂：

将合适的剂量吸进喂药器，把喂药器针管头放到孩子舌头后部靠近舌根的位置，再向前慢慢推动活塞，挤出药液。推针筒的时候不要太用力，避免药灌出来。全部喂完后，给孩子喝几口温开水，以减轻药在嘴里留下的苦味。

喂药的注意事项

给孩子喂药时不要强迫，否则容易造成孩子的恐惧感，孩子挣扎后很容易呛着，引起窒息。

切勿在宝宝哭闹时、大笑时喂药，此时喂药往往容易使药液误吸入气管而发生呛咳甚至窒息，要等孩子安静下来再喂。

喂药时不能将药物与乳汁、果汁、豆浆等混合，除非有特殊要求，否则很容易引起药物与食物间的不良反应或者降低药效。

调和药物的开水要用温凉的，热水会破坏药物成分。

喂完药后，家长要多给孩子喝些温开水，冲淡他口中的药味。

1 ~ 3 岁幼儿安全防范

不论是哪个年龄段的幼儿，安全问题永远是核心问题。而孩子1岁以后运动能力发展迅速，能够连续地自由翻滚，爬过各种障碍物，能独自行走，对周围的一切充满好奇，因此这个阶段很容易出现各种安全问题，家长应该尽全力做到安全隐患的彻底排查，最大限度地防止意外伤害的发生。

预防坠落伤

家长应该注意使用安全门、安全围栏等安全用品，彻底隔离孩子通往楼梯、阳台、门窗等有高处坠落风险的地方。注意移除或者隐藏较矮的凳子、桌子等，以防成为孩子攀高的台阶。

预防溺水事故

家中任何可以积水或盛水的容器，比如浴盆、水桶、充气儿童戏水池等，使用后必须注意及时清空或者做好隔离措施。

孩子洗澡时，必须时刻监护在身边，

寸步不离，尤其是家长突然出去接电话等状况时，一定要叫其他家长来看护。孩子在泳池边、池塘边玩耍时，家长要寸步不离。

预防误服药物、化学制剂或者毒物

一切可能被孩子触及的药物、化学制剂、毒物等必须放高、锁好。

预防烫伤或者烧伤

注意一切热的液体应该放在孩子无法触及的地方。带有电线或者手柄的制热容器，不要放在桌台的边缘，应把电线缠好，手柄朝内，放在孩子够不着的地方。电吹风、直发夹板、电熨斗等使用后仍可保持一段高温时间的物体，使用后及时放高并离开孩子的视线。火柴、蜡烛、点火器等可能被孩子把玩的危险物品也应该放高并隐藏。

预防窒息

吃饭时使用儿童专用椅，避免追着喂食或者强迫喂食，尤其在幼儿情绪激动哭泣时，切不可逼迫孩子吃东西。

1岁以后，幼儿逐渐融入家庭饮食，家长要留意有窒息风险的食物，比如坚硬的小块状蔬菜水果、整颗葡萄、坚果等。注意排查一切可能放入口中的小物件，如硬币、纽扣、电池、玻璃弹珠等。选择玩具时，应挑选符合年龄并且没有可脱卸的小部件的玩具。

家里所有塑料袋应放在孩子无法触及的地方，并且尽量在塑料袋的中间打结系住。所有窗帘绳注意缠绕并放高。

预防触电

尽量不使用电热毯。家中电插座在不用时盖上安全防护盖。任何家用小电器使用完毕后注意拔出插座并放高。如果家中插座有开关，使用完毕后注意关上插座电源。

适合 1 ~ 3 岁幼儿的中医保健推拿

小儿推拿是一种绿色疗法，是用特定手法在特殊部位和穴位上进行操作，可舒筋通络、调节脏腑功能、调和气血、改善孩子体质、提高抗病能力，从而达到防病和治病目的。由于小儿推拿兼有治疗和保健的双重功效，推拿手法本身有着轻快、柔和、平稳的特点，给3岁之内的孩子进行推拿，作用效果最佳，能促进其稚嫩的脏腑功能的发展，还能促进生长发育、增进食欲、补助正气、有效提高孩子的抗病能力等。

小儿日常保健推拿

摩腹

◎**穴位定位：**整个腹部。

◎**操作手法：**小儿取仰卧位，家长用双手掌按压在小儿腹部，向腰侧分推，力度适中，然后把手掌放在腹部上，在皮肤表面做顺时针回旋性摩动。分推50~100次，摩动100~200次。

◎**功效：**摩腹是一种按摩方法，主要是对腹部进行有规律的特定按摩，可健脾助运，有效防治脾胃诸疾，使气血生化功能旺盛，起到防治全身疾患的作用。

补脾经

◎**穴位定位：** 位于拇指末节螺纹面。

◎**操作手法：** 小儿取坐位，家长用右手食、中指螺纹面在小儿左手拇指螺纹面由指尖向指根方向直推，或顺时针方向旋推拇指末节螺纹面，用力要均匀，频率约每分钟200次，推300~500次。

◎**功效：** 脾经是和胃消食、增进食欲的重要穴位，推拿脾经可以健脾胃、补气血。

捏脊

◎**穴位定位：** 捏脊的穴位是指夹脊穴，位于腰背部，当第1胸椎至第5腰椎棘突下两侧，后正中线旁0.5寸，一侧17穴，左右共34穴。

◎**操作手法：** 小儿取俯卧位，家长在患儿左侧，用两手拇指、食指和中指捏住小儿脊椎骨上皮肤，拇指在后，食

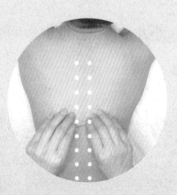

指、中指在前。然后食指、中指向后捻动，拇指向前推动，从尾骨处开始捏拿，直到平肩处。初学者手法宜轻，捏脊前后可用手掌在腰部做按摩，让背肌放松。每次捏5遍。

◎**功效：** 捏脊具有调阴阳、理气血、和脏腑、通经络、强健身体的作用，是小儿保健推拿的常用手法。

—— 按揉足三里 ——

◎**穴位定位：** 位于外膝眼下四横指，距胫骨前嵴一横指处。

◎**操作手法：** 家长用拇指指腹按压孩子的足三里穴一下，再顺时针揉按三下，称一按三揉，此为1次。常规推拿50~100次。

◎**功效：** 足三里是主治胃肠病症的常用穴。按揉足三里是治疗小儿各种肠胃病症的常用手法。长期坚持推拿，可调理脾胃、益气补虚。

以上四个手法为小儿推拿保健四大法，合用具有调阴阳、理气血、和脏腑、强体魄、促发育的作用。常用作小儿日常保健推拿，尤适合身体脾胃虚弱或病后脾胃失运的孩子。

注意事项

保健推拿一般早上或饭前进行，每日1次。急性感染病期可暂停，病愈后再进行。因孩子的皮肤比较娇嫩，推拿时可用滑石粉或润肤油作为介质。

以上操作需要在专业人士的指导下进行，或选择专业机构为孩子进行推拿，以免因家长的错误操作而伤害到孩子。

3～6岁儿童喂养

3 ～ 6 岁儿童的成长发育指标与特点

3 ～ 6 岁幼儿成长发育指标

3 ～ 6 岁男童成长发育指标

男童			
年龄	身高（cm）	体重（kg）	头围（cm）
4岁	92.5 ~ 116.5	12.01 ~ 23.73	46.5 ~ 54.2
4.5岁	95.6 ~ 120.6	12.74 ~ 24.63	46.9 ~ 54.6
5岁	98.7 ~ 124.7	13.50 ~ 27.85	47.2 ~ 54.9
5.5岁	101.6 ~ 128.6	14.18 ~ 30.22	47.5 ~ 55.2
6岁	104.1 ~ 132.1	14.74 ~ 32.57	47.8 ~ 55.4

3～6岁女童成长发育指标

女童			
年龄	身高（cm）	体重（kg）	头围（cm）
4岁	91.7～115.3	11.62～23.3	45.7～53.3
4.5岁	94.8～119.5	12.3～25.04	46.0～53.7
5岁	97.8～123.4	12.93～26.87	46.3～53.9
5.5岁	100.7～127.2	13.54～28.89	46.6～54.2
6岁	103.2～130.8	14.11～30.94	46.8～54.4

3～6岁幼儿各项能力特点

运动能力

3～4岁的孩子会折纸、剪贴，会画简单的花草树木和人像，会写简单的字；可以独立地到处行走，能跑、能跳，能爬上爬下，从高处跳下时能保持身体平衡；会跳高、跳远，会投飞镖，能闭眼转圈。在日常生活中，自己会洗脸、洗手，穿脱简单的衣服、鞋袜。

4～5岁的孩子可以画比较完善的小人，有头、身体及四肢；能画出圆形、三角形和正方形的东西，如太阳、苹果等；能单脚跳跃、滑滑梯、玩跷跷板。

5～6岁的孩子能用铅笔书写简单的汉字和10以内的阿拉伯数字，会自己穿鞋、扣扣子。家长应多鼓励孩子动手实践，让他们画画、折纸、剪贴，加强手工能力，培养孩子手脑并用，进一步促进大脑的发育。这个阶段孩子已经能够跑跳自如，能连续走20～30分钟的路程。跑的时候会躲闪、追逐，平衡能力较强。会拍球、踢球，可以边跑边拍，边跑边踢。开始喜欢集体游戏，在玩的过程中常常改变规则，创造新花样。因此，家长应尽量给孩子创造良好的活动场所，经常带他们到儿童游乐园及较宽敞的活动场所玩耍跑跳，有意识地提高他们的运动能力。

语言能力

孩子的语言发育是先从口语开始的，3岁时能说出自己的名字、性别、年龄、家庭主要成员的姓名，能听明白几百个字音的含义，并可以用这些字音来组成几个简单的句子，如"我要喝水""我要尿尿""我要睡觉""我要小汽车"等。能认得几种颜色，能识别一部分动物画片，说出几种玩具的名称，能分清多少、大小、上下，能知道1、2、3的含义，能唱几首儿歌或背几首短的歌谣。

到4岁时，说话能力已有明显提高，可以简单地向父母叙述自己所做的事，语法比较正确，句子也比较完整。能清楚地表达自己的要求、意愿。可以背诵5~10首简短的诗歌（包括古诗），能唱较多的儿歌，能说几句简单的文明礼貌用语，如"您好""阿姨好""再见""谢谢"。可以指着自己身上的感觉器官说出名称和用途，能知道几种家用电器、家具和餐具的名称和用途，还可以学大人讲简短的故事。

5岁时，能听懂周围人的对话，愿意同周围人交谈。能说出自己的生日、家庭住址、幼儿园名称、家中成员的职业等。能说出较多的实物的名称、用途及用什么材料做的。可以在看完儿童画册后比较完整、连贯地讲述故事内容。能不间断地数完1~100，能认识较多的字，能准确地发出这些字的读音。可以朗读、背诵简单的文学作品，会朗诵8~10首诗歌，复述3~4个听别人讲过的故事。

6岁时说话已相当流利，能用词汇来表达自己的意思，能根据语言的内容调整声调，能有礼貌地倾听他人讲话，能比较自如地与他人谈话。对周围事物具有初步的分析能力，看完电视或电影后可以讲述故事内容。认识的字增多，有的可认识百余字。

情感和性格特点

3～4岁的孩子情绪非常不稳定，易受外界影响。这个时候孩子开始上幼儿园了，生活范围也扩大了，能够认识老师和小朋友，是学习人际关系的开始。在这个阶段，孩子会想得到夸奖和称赞，也有些孩子会以自我为中心，还会做出对抗的行为，大人要正确引导。3～4岁的孩子常有害怕和焦虑的感觉，家长要给孩子足够的安全感。

相对于3～4岁的幼儿，4～5岁的孩子情绪要稳定很多，会逐渐学会控制自己的情绪。例如，在商场里看到自己喜欢的玩具，3～4岁的孩子可能会吵着要买，但是4～5岁的孩子会更听大人的话，并且安慰自己："我已经有一样的玩具了，不买了。"当然，这种情绪控制并不是一直存在的，他们依旧会被特别感兴趣的事物吸引，也会出现情绪失控的状态，心情不好的时候还会大发脾气。

5～6岁的孩子开始对社会情感有了一定的了解，比如开始萌发道德感、合作意识、审美观等，自制力、自觉性也有很大的提升，但是行为举止也容易受到情绪及外界事物的影响。有了较强的自我意识，并且开始形成最初的个性倾向，能初步评价自己的行为，并在大人的指导下逐步掌握行为规范。

3～6岁儿童喂养须知

3岁以后孩子的乳牙已出齐，咀嚼、吞咽固体食物的能力增强，消化、吸收功能也逐渐完善，膳食要求基本接近成人。但孩子的生长发育较快，因此新陈代谢旺盛，对各种营养素的需要量相对高于成人，合理营养不仅能保证正常的生长发育，也可为其成年后的健康打下良好的基础。此阶段孩子的活动量比婴幼儿期增多，需要保证充足的能量和优质蛋白质，因此家长在安排孩子的饮食时，应根据此阶段的特点，全面为孩子补充营养。

保证每日的奶量

3~6岁儿童每天应饮用300~500毫升的奶或相当量的奶制品，以满足钙的需求。推荐选择液态奶、酸奶、奶酪等无添加糖的奶制品，限制乳饮料、奶油的摄入。家长应以身作则，常饮奶，鼓励和督促儿童每日饮奶，从小养成天天饮奶的好习惯。

膳食多样化

各种食物所含的营养成分不尽相同，任何一种天然食物都不能提供全部营养素。主食要做到粗粮细粮搭配着吃，多吃新鲜蔬菜和水果，经常吃适量的鱼、禽、蛋和瘦肉，常吃大豆及豆制品，少吃油炸食品、膨化食品。

合理安排三餐和两点

此时孩子胃容量小，肝脏中糖原储存量少，又活泼好动，容易饿，可适当增加吃饭次数，以适应学龄前儿童的消化能力，以"三餐两点"为宜，早中晚正餐之间加适量点心，既能保证营养需要，又不增加肠胃过多的负担。

注意补充铁元素

3~6岁的儿童生长发育较快，应注意铁元素的摄入，避免缺铁性贫血的发生，可以适当多吃富含铁元素的食物，如动物肝脏、动物血、瘦肉等。进食苹果、蜜橘等富含维生素C的水果有益于铁的吸收。

补充充足的水分

建议孩子每天饮用1000~1500毫升白开水。各类饮料含糖量较高，且饮用后会稀释胃液，造成饱腹感，影响正常进食，因此不建议孩子饮用。

科学烹调，清淡少盐。从小培养孩子的淡口味至关重要，世界卫生组织建议学龄前儿童每日食盐摄入量：2~3岁<2克，4~5岁<3克。家长在制备膳食时，不仅要少放盐，而且也要少用含盐量较高的酱油、豆豉、蚝油、咸味汤汁及酱料等。由于许多加工食品或零食中含盐量较多，不建议孩子经常食用。尽量避免使用味精和鸡精。在膳食烹调方面，宜采用蒸、煮、炖、煨等烹调方式，尽量少用油炸、烧烤、煎等方式。

正确选择零食

三餐两点之外吃的东西都属于零食，建议选择乳制品、新鲜蔬菜水果、蛋类及坚果类食品等，少选用油炸食品、膨化食品、糖果、甜点等。吃零食的量不能影响正餐，正餐前一小时或睡前半小时不要吃零食，更不能用零食代替正餐。

养成不挑食、不偏食的习惯

此时孩子具有一定的独立生活能力，模仿能力强，兴趣增加，易出现饮食不规律、吃零食过多或吃得过饱等现象。家长可以从以下几个方面着手，培养孩子良好的饮食习惯：（1）合理安排饮食，三餐两点，定时定点定量吃饭。（2）经常变换食物花样，调整口味。（3）轻松愉悦的进餐环境有利于培养良好的习惯。（4）让孩子养成自己吃饭的习惯，让孩子自己使用筷、匙，既增加进食兴趣，又培养孩子的自信心和独立性。（5）饭菜少盛勤添，既增加孩子吃饭的成就感，又避免养成剩菜剩饭的习惯。（6）吃饭要专心，不能边看电视或边玩边吃饭。最好在30分钟内吃完。（7）不强迫孩子吃不爱吃的食物，允许孩子在合理范围内选择食物。

适合 3 ~ 6 岁儿童的中医按摩

让孩子眼睛明亮的保健按摩

随着科技越来越发达，家家都配有各式各样的电子产品，而且它们深受小朋友的喜爱。经常使用电子产品，会导致孩子长期用眼过度，这也是近视眼越来越低龄化的原因。家长可以帮孩子按按睛明穴和攒竹穴，通过刺激这两个穴位，起到保护眼睛、恢复视力的作用。

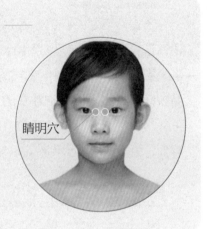

—— 揉睛明 ——

◎**穴位定位：** 位于面部，目内眦角稍上方凹陷处。

◎**按摩方法：** 家长用食指指腹按揉孩子的睛明穴，带动深层神经和加速眼部血液循环。每分钟150 ~ 200次，每次按摩2 ~ 3分钟。

睛明穴

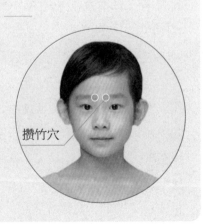

—— 按攒竹 ——

◎**穴位定位：** 位于面部，当眉头陷中，眶上切迹处。

◎**按摩方法：** 家长用双手拇指从孩子的眉头攒竹穴按摩至眉尾，可以舒缓上眼骨的神经。 每分钟150 ~ 200次，每次按摩2 ~ 3分钟。

攒竹穴

让孩子大脑更聪明的保健按摩

很多父母喜欢在宝宝学龄前给他们购买开发智力的早期教育图书、益智游戏，以刺激孩子的大脑发育，提高孩子的学习能力。其实，想让孩子的大脑更聪明，首先要保障孩子膳食营养、休息好、睡眠好，再利用穴位按摩达到益智补脑的效果。

—— 点按百会 ——

◎**穴位定位：** 头顶正中线与两耳尖连线的交叉处。

◎**按摩方法：** 家长用手掌按在孩子头顶中央的百会穴，先以顺时针方向揉按，再以逆时针方向揉按。每分钟150~200次，每次按摩2~3分钟。

百会穴

—— 按压三阴交 ——

◎**穴位定位：** 位于小腿内侧，当足内踝尖上3寸，胫骨内侧缘后方。

◎**按摩方法：** 家长用拇指指腹按压在孩子的三阴交穴上，先以顺时针方向揉按，再以逆时针方向揉按。每分钟150~200次，每次按摩2~3分钟。

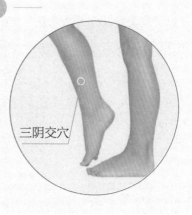

三阴交穴

让孩子骨骼更强壮的保健按摩

家长都想孩子拥有一个强健的体魄，可往往有些孩子身体较弱，爱生病。家长们可以学一学保健推拿手法，通过对经络穴位的推拿，疏通经络，推动全身气血运行，促进新陈代谢，帮助孩子强健骨骼。

—— 夹提大椎 ——

◎**穴位定位：** 位于背部的正中线上，第7颈椎棘突下的凹陷中。

◎**按摩方法：** 家长将拇指和食、中两指相对，夹提大椎穴，力度由轻至重，手法连贯。每分钟150～200次，每次按摩2～3分钟。

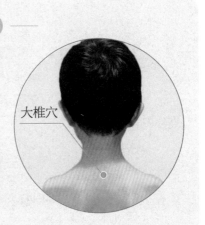

—— 揉按委中 ——

◎**穴位定位：** 位于人体的腘横纹中点，股二头肌肌腱与半腱肌肌腱的中间。

◎**按摩方法：** 家长用拇指指腹旋转揉按委中穴，力度由轻至重，以有酸胀感为宜。每分钟150～200次，每次按摩2～3分钟。

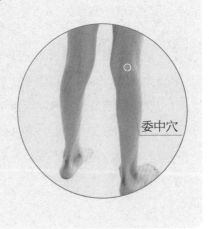

让孩子睡得更香甜的保健按摩

孩子气血未充、神识未发、精气未足，神经系统发育不完全，对于外界事物的刺激反应非常敏感，易受惊吓，严重时甚至会导致惊厥。推拿可以帮助孩子培补元气、平肝息风、宁心安神，增强孩子适应外部环境的能力，让孩子睡得更踏实。

—— 掐压山根 ——

◎**穴位定位：** 位于两眼内眦连线中点与印堂之间的斜坡上。

◎**按摩方法：** 家长用拇指指端按在孩子的山根穴上，做深入并持续的掐压，力度以孩子可以承受为宜，避免掐破皮肤。每分钟150~200次，每次按摩2~3分钟。

山根穴

—— 揉按百会 ——

◎**穴位定位：** 位于头顶正中线与两耳尖连线的交叉处。

◎**按摩方法：** 家长将手掌按在孩子头顶中央的百会穴，以顺时针方向揉按百会穴，力度以孩子可以承受为宜，手法连贯。每分钟150~200次，每次按摩2~3分钟。

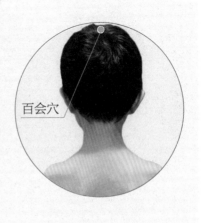

百会穴

让孩子脾胃好、吃饭香的保健按摩

孩子的脾胃娇弱，无论外感还是内伤都容易伤及脾胃，导致食欲不振、泄泻、消瘦等症状。通过中医按摩，刺激某些特定穴位，有利于气血的运行和生化，健运脾胃。

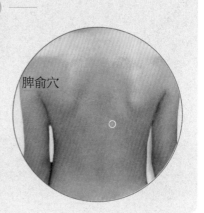

—— 揉按脾俞 ——

◎**穴位定位：**位于背部，第11胸椎棘突下，旁开1.5寸。

◎**按摩方法：**家长用拇指指腹以顺时针的方向揉按孩子的脾俞穴，以有酸胀感为宜。每分钟150~200次，每次按摩2~3分钟。

脾俞穴

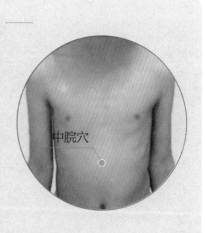

—— 揉中脘 ——

◎**穴位定位：**位于腹部前正中线上，肚脐上4寸。

◎**按摩方法：**家长用手掌紧贴着孩子的中脘穴揉按，要揉到皮下组织，力度由轻至重。每分钟150~200次，每次按摩2~3分钟。

中脘穴

帮助孩子强身健体的保健按摩

孩子的脏腑娇嫩，抗病能力较低，容易感染病菌，患上一些急慢性疾病。为了加速新陈代谢，促进机体发育，增强免疫功能，提高抗病能力，家长除了可以给小儿补充营养、陪孩子锻炼身体外，在日常生活中还可以运用推拿疗法来增强孩子的免疫力，达到强身健体的功效。

—— 按揉肾俞 ——

◎**穴位定位：** 位于背部，第2腰椎棘突下，旁开1.5寸。

◎**按摩方法：** 家长用拇指指端点按孩子的肾俞穴，顺逆时针依次揉按，力度由轻至重再至轻。每分钟150～200次，每次按摩2～3分钟。

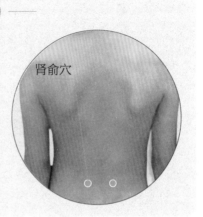

肾俞穴

—— 点按涌泉 ——

◎**穴位定位：** 位于足底部，蜷足时足前部凹陷处，约当足底第2、3跖趾缝纹头端与足跟连线的前1/3与后2/3交点上。

◎**按摩方法：** 家长用拇指指腹点按孩子的涌泉穴，力度由轻至重再至轻，以有酸胀感为宜。每分钟150～200次，每次按摩2～3分钟。

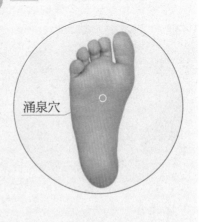

涌泉穴

民以食为天，食物是人们生存下来的基本条件，也是身体能否健康的最重要的物质基础和保障，自古以来，中医都非常注重饮食养生。这一方法同样也适合调养孩子的身体。需要注意的是，中医讲究体质分型，并且强调不同的体质，日常饮食调理也不一样。因此家长需要先辨清孩子的体质，再根据体质调理身体。

第四章

儿童六大基本体质辨别及中医食疗调养

辨清孩子体质，再选食疗方

自古以来我国人民都很注重养生，重视食物对人体健康和疾病的影响，经过几千年来的观察、实践、总结，形成了祖国医学独特的中医食疗。《黄帝内经》中提到："天食人以五气，地食人以五味。五气入鼻，藏于心肺，上使五色修明，音声能彰；五味入口，藏于肠胃，味有所藏，以养五气，气

和而生，津液相成，神乃自生。"意思是说，天地大自然为人类提供了生命动力的来源，人们可以通过呼吸、饮食而获取。由此可见食疗的重要性。

很多家长认为孩子年纪小，并不适合采用食疗的方法来调养身体。其实这种想法是不正确的。食疗取材方便、天然，既可防病治病，又能保健养生，而且不良反应少，已经受到了很多家庭的欢迎。中医食疗法也是一种很好的防病治病的天然方法，是儿童保健中极为重要的一个方面，越来越多的家长开始引起重视。而且小孩服药比较困难，但喂食不难，如果通过选择合适的食物或药材，配合科学的烹调方法，制作出可口的食疗方，同样可以起到保健和辅助治病的作用。

中医讲究体质分型，并且强调根据不同的体质，日常饮食、调理用药都是不一样的。例如，孩子表现为气虚质、阳虚质，则适合服用健脾养胃的食疗方，孩子出现中气不足所致的脱肛时也可以使用健脾养胃的食疗方；但如果是夹湿夹风或痰湿质、湿热质等情况，此时使用健脾养胃的食疗方就不太合适了。由此可见，家长如果不懂得辨别体质，没有对饮食做出及时调整，一味地认为多吃就是补益、多吃就是对身体好，那么孩子的身体只会越吃越差，也就会越来越容易生病。

需要注意的是，大多数食疗方宜在孩子消化好、没有生病的时候服用，以补益为主，采用温和的方式调理孩子本就虚弱的体质，以达到强身健体的目的。孩子一旦生病，就不能只通过食疗调理，而应及时看医生，此时食疗只能作为药物以外的一种辅助手段，否则会加重孩子的肠胃负担。尤其是孩子出现气不摄血等病态情况时，就更不能简单依靠食疗来调理、控制了。

总之，想让孩子少生病、体质好，家长就要多观察、多学习，掌握实用的喂养技巧。

儿童六大基本体质辨别及调养

— 气虚质 —
脸色青黄、易感冒、易积食

大多数孩子都是气虚质体质，这是因为孩子生长发育很迅速，对脏腑功能的需求逐步提高，但孩子的生理特点"脏腑娇嫩，形气未充"决定了脾、肺、肾的功能不足，易导致气虚质体质。

气虚质常见表现

气虚质的孩子脸色青黄，没有光泽；易积食、消化不良，平时偏食、挑食；大便先干后烂；身体容易累，易出汗，没走两步就喊累，运动没多久就出很多汗或者自汗；出门不喜欢走，喜欢坐车；平时声音较低，气虚比较严重的孩子甚至不喜欢说话，有的孩子还会喘大气；舌淡红，舌体偏肥胖，边有齿痕；脉沉、弱。

形体特征

肌肉松软，不是很结实。

心理、精神特点

精神较好，但活动多时易疲劳，性格内向，不喜冒险。适应能力较差，受气候、环境、饮食等影响大。

对外界环境的适应能力

不耐受风、寒、暑、湿邪，容易感冒。

常见病症

气虚质的孩子的呼吸道易反复感染，扁桃体经常发炎，经常出现积滞、消化不良等。

日常调理

家长喂养不当，使孩子脾胃超负荷是孩子气虚的主要原因，所以要先顾护脾胃，消化好了再补气。日常适合食用具有益气健脾作用的食物，如黄豆、白扁豆、红枣、鸡肉、牛肉等补脾气，肾气亏虚可以吃一些黑米、黑豆、栗子。

常见食疗药材

日常饮食中可以适当服用具有益气健脾功效的中药材，如太子参、白术、黄芪、党参等。

－太子参－　　　　　－白术－　　　　　－党参－

博士悄悄话： 本书中关于孩子的用药，均需在医生指导下正确使用。

{— 阳虚质 —
反复腹痛、怕冷、喜热食}

阳虚质是由于阳气不足，失于温煦，以形寒肢冷等虚寒现象为主要特征的体质，是气虚质的进一步发展。阳虚质的孩子并不多，该种体质的孩子在适应气候、生活、饮食的变化时能力较差。

阳虚质常见表现

阳虚体质的孩子面色苍白或青黑，无光泽；说话的声音较低弱，哭闹声也较弱；老是怕冷，这种怕冷和感冒时的怕冷不同，感冒怕冷叫恶寒，多穿件衣服仍然会觉得冷，而阳虚的怕冷，多穿件衣服就会感觉温暖很多；手脚在水中浸泡很短时间，就会呈现皱巴巴的状态；平时喜欢热饮、热食，对冷饮、冰激凌等不喜欢；大便烂、不成形，甚至完谷不化，吃进去的食物没有完全消化就便出来了；小便清长，量多；舌头颜色偏淡白，形态较胖，有齿印；脉象沉微无力。

形体特征

肌肉松软不实，体形多为虚胖。

心理、精神特点

阳虚体质的孩子喜欢安静，不喜欢多动，白天也是无精打采的样子，给人懒洋洋的感觉。

对外界环境的适应能力

阳虚体质的孩子耐夏不耐冬；容易受到风、寒、湿邪的入侵。

常见病症

阳虚体质的孩子易患病症有长期反复发作的腹痛、胃肠功能紊乱、复发性口腔炎、肠系膜淋巴结炎、浅表性胃炎、遗尿，部分孩子甚至5岁以上还有遗尿现象。

日常调理

日常生活中要注意温肾补阳、调和气血。平时可多食牛肉、羊肉、韭菜、桂圆、花生、山药等温阳之品，尽量少吃生冷寒凉食物，少饮绿茶。

常见食疗药材

对于阳虚体质的孩子而言，可选用具有温阳补肾功效的食疗药材，如核桃、巴戟天、菟丝子、附子、锁阳、补骨脂、肉桂等。

－核桃－

－巴戟天－

－菟丝子－

{ — 痰湿质 —
鼻炎、腺样体肥大、咳嗽、虚胖 }

痰湿质的孩子阳气不足，对季节变化的适应能力较差，特别是在寒冷的冬天和梅雨季节等天气多变的时候，在空调房中的自我适应能力也比较差。

痰湿质常见表现

痰湿质的孩子脸色青黄，缺少血色；经常感到胸闷，老是有痰咳不出的感觉；动作较迟缓，容易疲倦，一跑跳就容易累；爱吃辛辣油腻的食物，爱吃甜食；平时大便较稀，但臭味不明显；平时易出汗，汗黏，口水黏腻；舌头颜色较淡，舌体偏胖，舌苔厚腻；脉滑、缓、无力。

形体特征

体形虚胖，肌肉松软，腹部肥满松软。

心理、精神特点

性格偏温和、稳重，多善于忍耐。好静，不喜欢动，平时少言，容易觉得疲倦困乏。

对外界环境的适应能力

对梅雨季节及湿重环境的适应能力差。

常见病症

这种体质的孩子易患顽固性咳嗽、腺样体肥大、腹痛、哮喘、支气管炎、水肿等疾病。

日常调理

痰湿质孩子的调养原则是健脾、益气、祛湿、化痰。日常饮食宜清淡少油，宜多吃薏米、白扁豆、海带、白萝卜、鲫鱼、冬瓜、橙子等；忌食生冷食物及冷冻饮料，少吃甜腻酸涩的食物，如蜂蜜、梨、甘蔗等。

常见食疗药材

陈皮、茯苓、芡实等中药材有利于改善痰湿体质，家长可以在医生的指导下通过食疗来改善孩子的体质。

—陈皮—

—茯苓—

—芡实—

— 湿热质 —
湿疹、黄疸、睡不安、脾气大

孩子的抗病能力和肠胃的消化能力较弱，脾常不足，长期积食，容易使痰湿停滞在体内。另外，小儿"阳常有余"，热证居多，湿邪和热邪交接在一起，更容易侵及儿童，所以湿热体质的孩子也不少。

湿热质常见表现

湿热体质的孩子面垢油光，易生痤疮；常常觉得口苦口干；易出汗，且汗水中伴有色素，会将衣服染黄；大便黏滞不畅，量不多，有时大便干燥，颜色深，且含有一些未消化的食物残渣；小便较黄，量少；舌质偏红，舌苔黄腻；脉滑数。

形体特征

形体中等或偏瘦。

心理、精神特点

这种体质的孩子兴奋好动，睡觉不安稳，容易心烦急躁，怕闷热，不喜欢待在空气不流通的地方。

对外界环境的适应能力

对夏末秋初湿热气候、湿重或气湿偏高的环境较难适应。

常见病症

湿热质的孩子易患顽固性湿疹、急性扁桃体炎、顽固性荨麻疹、急性咽喉炎、尿路感染、风湿热等。

日常调理

饮食方面要少给孩子吃辛辣、油炸的食物，多吃青菜、水果。薏米具有良好的清热利湿作用，可以喝点薏米汤。饮食以清淡为主，可多食红豆、绿豆、芹菜、黄瓜、藕等甘寒的食物。

常见食疗药材

薏米、白扁豆、茯苓等中药材具有清热利湿的作用。

－薏米－

－白扁豆－

－茯苓－

｛ — 阴虚质 —
盗汗、手足心热、积食、便秘 ｝

临床上阴虚体质的孩子并不多，是由气虚体质演变而来的。孩子阴虚体质形成的原因有很多种，主要是与孩子平时的饮食习惯和睡眠有关。

阴虚质常见表现

阴虚体质的孩子易口燥咽干，喜欢喝水；因为体内有内热，手心脚心摸着比较热；食欲比较好，但能吃不长肉，瘦瘦黄黄的；晚上睡不踏实、盗汗、易醒；阴虚体质会导致体内有热，孩子的舌头和嘴唇发红，舌苔发白，苔少，有地图舌；大便干燥或者不成形；脾气有点暴躁，喜欢生气。

形体特征

体形偏瘦。

心理、精神特点

精神易疲劳，性情急躁，外向好动、活泼，但易烦躁不安。

对外界环境的适应能力

耐冬不耐夏，不耐受燥热湿浊的环境。

常见病症

这种体质的孩子易积食，易上火，易出现牙龈红肿、反复口舌生疮、夜寐不宁。

日常调理

阴虚体质的孩子平时饮食要清淡一些，少吃生冷、油炸以及辛辣刺激的食物，尽量不喝冷饮。家长要多鼓励孩子吃蔬菜水果，饮食尽量多样化，平时可以吃一些滋阴的食物，如白萝卜、苦瓜、银耳、百合、鸭肉、绿豆、黑芝麻等，少吃羊肉、韭菜、辣椒、葵花子等性温燥烈的食物。另外，家长要帮助孩子养成良好的作息规律，不要熬夜，保证充足的睡眠时间。

常见食疗药材

平时可以选用沙参、石斛、玉竹等食疗药材来调理体质。

－沙参－　　　　　　－石斛－　　　　　　－玉竹－

{ — 特禀质 —
过敏性鼻炎、哮喘、咳嗽 }

特禀质多与先天遗传因素有关，并有家族倾向性。特禀体质又称特禀型生理缺陷，是指由于遗传因素和先天因素所造成的特异性体质，主要包括过敏体质、遗传体质、胎传体质等。该种体质的孩子常常会有皮肤瘙痒、湿疹、荨麻疹病史，有的还会有过敏性鼻炎甚至哮喘等。现在由于环境污染、食物的改变，甚至一些药物等因素，特禀体质的孩子较为多见。

特禀质常见表现

特禀体质有多种表现，过敏体质者经常无原因的鼻塞、打喷嚏、流鼻涕，容易患哮喘，容易对药物、食物、气味、花粉、季节过敏；有的人皮肤容易起荨麻疹，皮肤常因过敏出现紫红色瘀点、瘀斑。

形体特征

过敏体质者一般无特殊；先天禀赋异常者或有畸形，或有生理缺陷。

心理、精神特点

随禀质的不同而情况各异。

对外界环境的适应能力

过敏体质者对易过敏季节的适应能力差，易引发宿疾。

常见病症

过敏体质者易患湿疹、荨麻疹、过敏性鼻炎、过敏性哮喘等。特禀体质过敏严重的还会发生过敏性休克，危及生命。

日常调理

中医认为，"肾为先天之本""脾为后天之本"，特禀质调养以健脾、补肾气为主，以增强抗病能力。饮食宜清淡、均衡，粗细搭配适当，荤素配伍合理，可以多吃益气固表的食物，如红枣、糯米、粳米、燕麦、山药、白扁豆、鸡肉、牛肉、猪肉等，少吃鱼、虾、蟹、腥膻发物及含致敏物质的食物。

此外，过敏体质儿童的居家环境比较重要，通风要好，室内要保持清洁，被褥、床单要经常洗晒。

常见食疗药材

黄芪、人参、枸杞、防风等都具有益气固表的功效。

－黄芪－　　　　　－人参－　　　　　－枸杞－

每个孩子都是父母的心肝宝贝，

父母时刻关注着孩子的衣食住行。

而孩子在成长过程中，或多或少会遇到一些小病小灾。

父母怎么做能预防疾病的发生?

孩子生病了如何用药、如何护理?

这一章对小儿常见病的病因、治理及护理等进行了详细介绍，

希望每一个生病的孩子都能得到正确的调治，少受疾病的伤害。

第 五 章

0~6岁孩子
高发病中医养护

孩子的病理特点与病因特点

孩子的病理特点

孩子的病理特点与成人不同，主要表现在两个方面，中医用十六个字进行了概括："发病容易，传变迅速；脏气清灵，易趋康复。"

发病容易，传变迅速

前面我们有讲到，孩子在生理方面"脏腑娇嫩，形气未充"，机体的功能均未发育完善，称之为"稚阴稚阳"。这一生理特点决定了孩子的体质嫩弱，抵御外邪的能力不强，不仅容易被外感、内伤诸种病因伤害而致病，而且一旦发病之后，病情变化迅速。

孩子稚阴稚阳的特点在年龄越幼小的儿童身上表现得越突出，所以，年龄越小，发病率也越高，病情变化也越多，"发病容易，传变迅速"这一病理特点也是如此。这一点相信很多家长深有体会，孩子稍有不慎就会着凉，如果没有及时调治，很快会演变成支气管炎，甚至肺炎，而且年龄越小的孩子越容易生病，病情发展也越迅速。

孩子发病容易，尤其突出表现在易于发生肺、脾、肾三系疾病及流行疾病方面。

肺本就是娇脏，难以调养，而且容易受伤。孩子肺常不足，而且对寒热不能自我调节，再者家长护养常有不当，容易形成肺系疾病。肺为呼吸出入的大门，外邪不管从口鼻侵入还是从皮毛侵入，均会伤及肺。所以，儿科感冒、咳嗽、肺炎喘嗽、哮喘等肺系疾病占儿科发病率的首位。

脾为后天之本、气血生化之源。孩子脾常不足，主要是因为脾胃本身还未发育完全，脾胃的功能尚不完善，食物的受纳、腐熟、传导及水谷精微的吸收、转输功能与孩子的迅速生长发育所需不相适应。加上孩子在饮食上不能自我节制，若家长再喂养不当，就会导致孩子易患脾系疾病。我们常说病从口入，饮食失节、喂养不当、食物不洁等，犯于脾胃，则易发生呕吐、泄泻、腹痛、食积、厌食等脾系疾病。

肾为后天之本，孩子的生长发育以及骨骼、脑髓、发、耳、齿等的形体与功能均与肾有着密切的关系。小孩先天禀受的肾精需要依赖后天的脾胃生化之气血不断充养，才能逐步充盛。而孩子本身不充盈的肾气又常与其迅速生长发育的需求不相适应，因此常说小儿"肾常虚"。生长发育出现迟滞或障碍、遗尿、尿频、水肿等肾系疾病在临床上也较常见。

脏气清灵，易趋康复

清指清净、纯洁，灵指灵巧、灵活。"脏气清灵，易趋康复"，是指孩子患病之后，病情好转得常常比成人快，治愈率也比成人高。这是由于孩子"生机蓬勃，发育迅速"，活力充沛，组织的修复能力强，并且病因单纯，几种疾病同时并见的情况较少，对药物的反应灵敏，因此，虽然容易染病，但病情比成人好转得快，也容易恢复健康。例如，最常见的感冒，孩子吹点凉风就容易感冒，流清鼻涕，这时给孩子熬点姜糖水，再给孩子发发汗，基本上就能好了，也不用吃药。即使有些孩子的感冒比较严重，有发热、咳嗽等症状，只要用对了药，恢复得也比成人快。

孩子的病因特点

小孩生病的原因与成人有同有异，具有自身的特点，大致可以分为6点，主要病因为外感六邪和饮食所伤，先天因素致病是特有的病因，情志失调致病相对略少，意外性伤害和医源性伤害需要引起重视。

先天因素

先天因素是指胎产因素，指孩子出生前已形成的病因。

遗传病因是先天因素的主要病因。调查表明，约1.3％的婴儿有明显的出生缺陷，即有先天畸形、生理缺陷或代谢异常，其中70％～80％为遗传因素所致。父母的有害基因是遗传性疾病的主要病因，现代社会工农业污染、环境污染等比较严重，易导致新的致畸、致癌与致突变的机会，家长们需要引起重视，并应做好孕前体检。

怀孕之后，若不注意养胎护胎，也易造成先天性疾病。孕期孕妈妈如果营养不足、饮食失节、情志失调、劳逸不当、感受外邪、接触污物、遭受外伤、患有疾病、用药犯忌等，都有可能损伤胎宝宝。分娩时难产、窒息、感染、产伤等，也会成为许多疾病的病因。

外感因素

孩子因外感因素致病最为常见。外感因素包括风、寒、暑、湿、燥、火六淫以及传染性强的病邪。

小孩肺常不足，最容易被风邪所伤，发生肺系疾病。风为百病之长，其他外邪常与风邪相结合入侵人体。例如，风与寒相结合为风寒之邪，风与热相合为风热之邪，风与湿相合为风湿之邪，风与暑合则为暑风，风与燥相结合则为风燥，风与火相结合则为风火等。小孩又容易感受这些外邪，因此这也是最常见的致病因素。

强烈传染性的病邪具有发病急骤、病情较重、症状相似、易于流行等特点。小孩形气未充，抗病能力弱，加上气候反常、环境恶劣、食物污染等因素的影响，或没有做好预防隔离工作等原因，均可造成传染性疾病的发生与流行。传染性疾病一旦发生，会严重影响孩子的健康，甚至造成很多孩子被传染。

食伤因素

小孩脾常不足，饮食不知节制，如果家长喂养不当，就容易被饮食所伤，产生脾胃病症。

孩子因为年纪小，不能自调饮食，易挑食、偏食，加上生活无规律、饮食不按时、饥饱不均匀，导致脾胃不耐受而受到伤害。又有因家长缺少正确的喂养知识，或放纵孩子的喜好偏嗜，造成脾气不充甚至受损，脾脏运化不健，好发脾胃病症，还会引起肺、肾、心、肝诸脏不足而生病。

饮食不洁也会引起肠胃疾病。小孩缺乏卫生知识，脏手取食，或误进污染食物，常引起肠胃疾病，如吐泻、腹痛、肠道虫症，甚至细菌性痢疾、伤寒、病毒性肝炎等传染病。

情志因素

小孩的思想相对单纯，接触社会比成人少，受七情六欲之伤不及成人多见，但是儿科情志失调致病也不容忽视。例如，突然受到惊吓易致惊伤心神；学习负担过重，家长期望值过高，孩子易产生忧虑、恐惧，导致头痛、疲乏、失眠、厌食，或精神行为异常；家长溺爱过度，导致孩子的社会适应能力差，造成心理障碍；家庭关系不和谐、小朋友的欺侮等，都可能使孩子精神受到打击而患病。近年来，儿童精神行为障碍性疾病发病率呈上升趋势，值得引起重视。

外伤因素

小孩缺少生活经验和自理能力，对外界的危险事物和潜在的危险因素缺少识别与防范意识，加之孩子生性好奇，容易遭受意外伤害。例如，孩子碰翻热汤热水，或误触火炉、水瓶，会被水火烫伤；家用电器安装不当，可能被孩子误摸而触电；孩子在水边玩耍，或无人保护下水游泳，容易溺水；幼儿学步摔倒，或遇交通事故，或小孩互相打斗，可造成创伤骨折；被动物咬伤，造成意外伤害；误食有毒的植物、药物，发生中毒；误将豆粒、小球放入口鼻，因气道异物而呼吸道梗阻。以上种种，在儿童中均比较常见。

医源因素

医源因素即用药不当、治疗方法不当或就诊时交叉感染等。

儿科用药应当谨慎，因小孩气血未充，脏腑柔嫩，易为药物所伤，家长在给孩子用药时，一定要谨遵医嘱。当然也不能过度服药、过度治疗，这样不但对疾病无益，反而会使孩子自身的调节能力得不到锻炼的机会，长此以往，很多孩子变得更容易得病，得了病缠绵反复，不容易好。

12种孩子高发病中医养护

感冒

感冒是婴幼儿时期的高发疾病，特别是换季的时候，儿科门诊人满为患。看着孩子生病难受，家长心里很难过，不少父母会让孩子吃药或去医院打针。其实孩子感冒，要先分清楚是普通感冒还是流行性感冒，然后再对症下药，孩子才能少受病痛折磨。

如何区分普通感冒与流行性感冒？

流行性感冒简称流感，因感受时邪病毒所致，病邪较重，具有流行特点，病程较长。患流感的孩子主要表现为发热、咽喉痛、肌肉痛、头痛、鼻塞流涕、咳嗽、神疲倦怠等，家长需要及时带孩子就医。

普通感冒因外感风邪所致，一般病邪轻浅，以肺系症状为主，3~5天可自愈。患普通感冒的孩子主要表现为鼻塞流涕、打喷嚏、咳嗽、咽痒或咽痛，可伴有发热。如果只是轻微的普通感冒，不需要吃药，家长可以先观察观察，但若出现以下几种情况需及时就医：发热3天以上或孩子整体状态下降；咳嗽多痰，精神萎靡不振。如果出现胸部不适、疼痛，或呼吸困难等情况，应立即就医。此外，如果孩子不满6个月，也应及时就医。

中医如何治疗感冒？

中医将小儿感冒分为风寒感冒和风热感冒。风寒感冒是孩子感受寒凉之气，也就是我们所说的着凉了；风热感冒是由风热邪气侵犯身体，使肺气失和所致。这两种感冒在症状上的表现有很大的不同，调治方法也不一样。

中医调治风寒感冒

【**主要症状**】浑身发冷、低热、头痛、鼻塞、流清鼻涕、打喷嚏、浑身无力等。

【**治疗原则**】辛温解表，宣肺散寒。

【**可选中成药**】

一般症状可选儿感清口服液。

如果孩子外感风寒且咳嗽咳痰，可选儿童清肺丸、儿童清肺口服液。

如果孩子外感风寒且不想吃东西，脘腹胀满、消化不良等，可选小儿至保丸。

【**推荐食疗方**】

葱姜糖水

材料：小葱2~3根，老生姜、红糖各10克。

做法：将小葱、老生姜分别洗净，小葱留葱白，生姜切片，与红糖一起放入小锅内，加水煎煮10分钟，去渣留汁，趁热喝。每日2次。

功效：小葱白、老生姜均为辛热之物，红糖能温中，三者同用可以温中驱寒、辛温解表，主治小儿风寒感冒伴咳嗽。

【**中医外治法**】中药足浴巧治小儿风寒感冒

配方：桂枝15克，藿香、荆芥、川芎、防风各10克，羌活5克。加水适量煎沸15分钟，滤渣取汁，加温水稀释，药液温度为40℃时，将孩子双足浸泡药液中，以药液漫过足踝为度，泡到孩子微微出汗即可。必要时可中途加热水，加热水时避免烫伤。此方法适合2岁以上的孩子。

中医调治风热感冒

【主要症状】高热、流黄鼻涕、咳嗽有黄痰、咽喉肿痛、口干舌燥等。

【治疗原则】辛凉解表，宣肺清热。

【可选中成药】

一般症状可选小儿感冒冲剂、小儿热速清口服液、小儿清咽颗粒等。

如果孩子外感风热并伴有消化不良等症状，可选小儿百寿丹。

【推荐食疗方】

薄荷白米粥

材料：大米50克，薄荷15克，冰糖适量。

做法：将薄荷放入砂锅中煎取药汁，去渣

取汁，放凉。淘净的大米加水煮成粥，待粥快熟时加入薄荷汁和冰糖，再煮沸即可。

功效：薄荷有疏散风热、解毒透疹、清利咽喉、疏肝理气的功效，常用于治疗风热感冒，能快速解除外感风热所致的发热、头痛、咽痛等症状。

【中医外治法】中医按摩有效调治风热感冒

—— 掐合谷 ——

◎穴位定位：在手背，第1、2掌骨间，当第2掌骨桡侧的中点处。

◎按摩方法：家长用拇指指腹点掐合谷穴，由轻至重，力度以孩子能承受为宜，手法连贯，以此穴有酸胀感为宜。每次2~3分钟。

◎功效：清热止痛，有效缓解外感风热所致的发热、咽痛、咽干等。

合谷穴

清天河水

◎**穴位定位：** 位于小臂正中，从腕横纹中点沿着前臂正中直着往上到肘横纹中点。

◎**按摩方法：** 家长的食指、中指并拢，用两指指腹自腕横纹向肘横纹推300次。

◎**功效：** 清热化痰，有效缓解感冒发热、咳嗽等症状。

拿风池

◎**穴位定位：** 位于颈后区，枕骨之下，胸锁乳突肌上端与斜方肌上端之间的凹陷中。

◎**按摩方法：** 家长用拇指和食指分别捏住孩子两侧的风池穴，拿捏5次，以孩子能忍受的力度为宜。

◎**功效：** 祛风解表、通窍止痛，可有效缓解因风热感冒引起的头痛、鼻塞等症状。

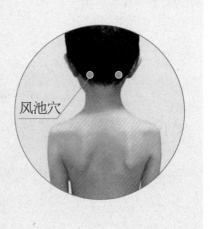

风池穴

感冒日常护理及饮食原则

日常护理重点

让孩子卧床休息，保证足够的睡眠，睡眠有天然杀伤感冒病毒的作用。

室内环境要保持一定的温度、湿度，注意通风，同时减少患儿体力活动的量，尽量不要外出，尤其是去人多的地方。

饮食原则

饮食宜清淡，可多吃易消化的米粥、面条、新鲜蔬菜水果等，忌过食肉食、辛辣、冷饮、油腻食物。每天给患儿准备的食物中至少包括两次水果和蔬菜，以保证能获取足够的营养。感冒见大便稀溏时，应少食多餐。

风寒感冒者要忌食生冷、寒凉、酸涩食物，宜吃温性食物，如生姜、葱白、橘子、甜橙等。

风热感冒者忌食酸涩、辛热食物，忌肥甘厚味，宜吃清淡的食物，如菊花、白菜、白萝卜、甜梨、哈密瓜等。

不宜过早给患儿进补，感冒后期可以适当增加健脾补肺、调补正气的食物，如红枣、银耳、木耳等。

多喝水，保持体内水分，还可稀释呼吸道分泌物，缓解病情。

－红枣－

－银耳－

－木耳－

普通感冒重在预防

孩子易感冒，与自身抵抗力差有关，也与家长的照护不当有关。其实，只要预防得当，就能减少孩子感冒的次数。

养成健康的生活习惯，勤洗手，早睡早起，保证睡眠。

注意保暖，做好防护，避免吹风受凉。冬季出门给孩子多穿点，室内活动时垫上小汗巾，并及时替换；夏季不要让孩子贪凉，少吃冷饮或寒凉水果，不要长时间吹风扇或空调。

饮食营养，合理搭配。孩子的肠胃较弱，平时可多吃一些米粥、面条、馒头等易消化的食物。多吃些蔬菜水果，富含维生素C的水果有预防感冒的作用。牛奶、鸡蛋、瘦肉含丰富蛋白质，可以增加抵抗力。

适当运动，加强锻炼。家长多带孩子进行户外活动，多晒晒太阳，有利于增强抵抗力。

冬季室内注意开窗通风，保持空气清新，保持一定的温度和湿度。

如果周围或者家中有感冒的人，尽量不要与孩子接触，防止交叉感染。

咳嗽

咳嗽是婴幼儿时期的一种常见病，因小孩本身免疫力低，气管、支气管黏膜娇嫩，容易受到各种病原体的刺激引发炎症，继而引发咳嗽。

判断孩子咳嗽的原因

咳嗽其实是一种保护性反射，可以促使呼吸道的痰液或异物排出体外，起着清洁呼吸道、使其畅通的作用，只要将痰液排出，咳嗽往往便会自行缓解。而有些家长一听到孩子咳嗽，又着急又心疼，没有弄清楚孩子咳嗽的原因，就急忙给孩子吃止咳药、消炎药，想要把咳嗽压下去，这样做往往得不偿失，结果是孩子的咳嗽总好不了。

当孩子出现咳嗽时，家长应弄清楚是什么原因引起的咳嗽，再从根本上对症下药。一般来说，常见的小儿咳嗽有以下几种原因：

普通感冒引起的咳嗽。孩子的咳嗽多为刺激性咳嗽，刚开始无痰，随着感冒的加重，可出现咳痰。常伴有嗜睡、流涕、发热等症状，孩子精神较差，食欲不振，感冒症状消失后咳嗽仍持续3~5天。因感冒引起的咳嗽，建议多喂一些温开水，咳嗽比较严重的孩子遵循医嘱吃感冒药或止咳药。

过敏引起的咳嗽。孩子一上床或进入某种环境就开始咳嗽，而且是持续或反复发作性的咳嗽，多呈现阵发性，夜间咳嗽比白天厉害，咳嗽时痰液稀薄、呼吸急促。常伴有鼻塞、皮疹、打喷嚏等症状。因过敏引起的咳嗽，建议家长明确过敏原，家族有哮喘或其他过敏性病史的孩子应及早就医诊治，家长平时要做好护理，远离过敏原。

肺炎引起的咳嗽。咳嗽持续时间长，超过1周以上，严重的咳嗽时可出现气喘、憋气、呼吸困难等情况。常伴有发热、呕吐、腹泻、呼吸急促等情况。因肺炎引起的咳嗽应及时就医，遵循医嘱，配合医生的治疗。

中医如何治疗咳嗽

中医认为，小儿咳嗽大多由感受外邪所引起，风为六邪之首，其他外邪多随风邪侵犯人体，所以中医将咳嗽分为风寒、风热、风燥等多种类型，每种类型的症状不同，调治方法也不同。

风热咳嗽

【**主要症状**】咽喉肿痛、咳黄痰、流黄鼻涕、大便干燥、小便黄等。

【**治疗原则**】疏风解热，宣肺止咳。

【**可选中成药**】

风热咳嗽初期咳嗽较轻时，可选用桑菊饮。

如果孩子咳的痰多，黄且黏稠，不易咳出，可选麻杏石甘颗粒。

【**推荐食疗方**】

川贝雪梨饮

材料：雪梨1个，陈皮5克，百合5克，川贝3克，山楂10克，甘草10克，冰糖5克。

做法：雪梨洗净，切块，与陈皮、百合、川贝、山楂、甘草、冰糖共煮20分钟即可。

功效：润肺止咳，理气化痰。

【中医外治法】

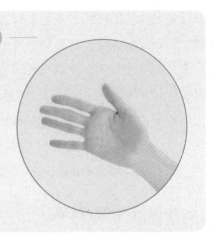

—— 清肺经 ——

◎**穴位定位：**无名指末端螺纹面。

◎**按摩方法：**家长用拇指侧面或指腹从孩子的无名指指端向指根方向做直推，推300次。

◎**功效：**利咽止咳，顺气化痰，清热解表。

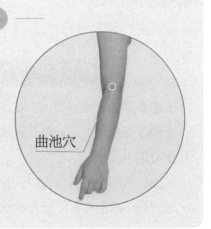

—— 点揉曲池 ——

◎**穴位定位：**位于肘横纹外侧端，屈肘，当尺泽与肱骨外上髁连线中点。

◎**按摩方法：**家长用拇指点揉孩子的曲池穴，揉3次，点按1次，如此反复，连续点揉30~40秒。

◎**功效：**清热解表，宣肺止咳。

曲池穴

风寒咳嗽

【**主要症状**】嗓子痒，痰白清稀，咳嗽声重，流清涕，常伴有头痛、发热等症状。

【**治疗原则**】疏风散寒，宣肺止咳。

【**可选中成药**】

风寒咳嗽初期可选通宣理肺丸。

当风寒入里化热，咳嗽有黄痰时，可选儿童清肺口服液。

【**推荐食疗方**】

生姜大蒜红糖水

材料：生姜1~2片，大蒜3瓣，红糖5克。

做法：生姜切成末，大蒜拍碎，与红糖一起放入砂锅中，加入适量水，共煮10分钟，滤渣取汁即可。

功效：发汗解表，祛风散寒。

【**中医外治法**】

—— 拿列缺 ——

◎**穴位定位：** 位于手腕部，拇指后方的桡骨茎突上，具体定位在腕横纹上1.5寸。

◎**按摩方法：** 家长用拇指、食指拿捏孩子手腕两侧的列缺穴，相对夹持，一紧一松，反复拿捏60~120次。

◎**功效：** 散寒解表、化痰止咳，能有效缓解外感风寒引起的咳嗽、气喘等。

列缺穴

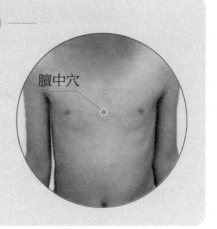

揉膻中

◎**穴位定位：** 位于胸部，前正中线上，两乳头连线的中点。

◎**按摩方法：** 家长用中指指端按住孩子的膻中穴，揉150次。

◎**功效：** 宽胸理气、止咳平喘。

膻中穴

风燥咳嗽

【主要症状】喉痒干咳，无痰或少痰且痰黏稠不易咳出，口干咽干等。

【治疗原则】清热化痰，宣肺止咳。

【可选中成药】

风燥咳嗽初期，可选蜜炼川贝枇杷膏来润燥止咳。

如果孩子口燥咽干、声音嘶哑、嗓子疼得厉害，可选秋梨膏。

如果孩子咳黄黏浓痰，且痰不易咳出，甚至扁桃体发炎化脓，可选二母宁嗽颗粒。

【推荐食疗方】

雪梨莲藕汁

材料：雪梨1个，莲藕100克。

做法：雪梨去皮去核，切成小块；莲藕去皮，切成小块。把梨和莲藕一块放入榨汁机中榨成汁，滤渣取汁后饮用。

功效：润肺清燥、止咳化痰。

【中医外治法】

按太溪

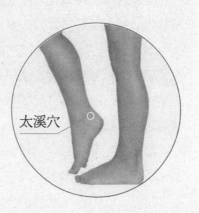

◎**穴位定位：**位于足内侧，内踝后方与脚跟腱之间的凹陷处。

◎**按摩方法：**家长可用拇指指端分别按揉孩子两侧的太溪穴，每穴每次2~3分钟。

◎**功效：**滋肾阴、润肺止咳。

按鱼际

◎**穴位定位：**位于手外侧，第1掌骨桡侧中点赤白肉际处。

◎**按摩方法：**家长可用拇指指腹按住孩子的鱼际穴，稍用力上下推动，以孩子感觉到酸胀为佳，每次按摩5分钟。

◎**功效：**清肺热，常用于辅助治疗燥热伤肺证。

咳嗽日常护理及饮食原则

日常护理重点

居住环境保持清洁。居室如果灰尘较多，会加重咳嗽，不利于病情的恢复。家长要经常打扫居室，清理灰尘，保持居室的卫生。

居住环境的温度、湿度应适中。家里太干或太湿，温度过低或过高，都不利于咳嗽患者的恢复。一般来说，室内温度保持在20~24℃，湿度保持在50%左右即可。秋冬季节比较干燥，可以在房间放一盆水，能增加空气湿度。

鼓励孩子多休息，保持充足的睡眠。睡觉时应用枕头撑起孩子的后背和头部，以防咽喉黏液滞留在喉咙内。咳嗽的小宝宝喂奶后不宜马上躺下睡觉，以防止咳嗽引起吐奶和误吸。

如果孩子的咳嗽与过敏有关，家长要让孩子远离过敏原。

多饮温开水。孩子咳嗽有痰时，可以多喝点温开水，有助于止咳和稀释痰液。

孩子咳嗽有痰时，家长需要帮助孩子排痰。如果孩子咳嗽时喉咙里有痰声，应让他把痰咳出来，如果痰液黏稠咳不出来，家长可以帮孩子拍拍背，有利于痰的排除。

扣背排痰法：五指并拢，手指屈曲，手背隆起，手呈杯状，使用腕关节的力量，轻柔、迅速地叩击，从肺底自下而上、由外向内叩击。叩击力度以孩子不感到疼痛为宜。每次叩击3~5分钟，每天2或3次。这种方法能使肺部和支气管内的痰液松散，有利于痰液的排出。

饮食原则

孩子咳嗽期间的饮食一定要多加注意，以清淡、易消化为主，多吃绿叶蔬菜和水果，忌吃油腻、油炸、辛辣刺激性的食物。大部分的孩子喜欢吃甜食，但甜食对咽部有刺激作用，可能会加重咳嗽。因此，孩子咳嗽期间应尽量少吃或不吃甜食。咳嗽期间不宜吃补品，否则不利于病情康复，甚至会加重病情。

发热

小儿发热是指孩子体温异常升高，是小儿常见的一种症状，许多疾病一开始都表现为发热。小儿发热通常是身体对外来邪气侵入的一种警告，是身体所产生的一种自我保护机制。

判断孩子发热的原因

中医认为，发热多数是因为邪气侵袭人体，这时人体的正气（抵抗力）便与之抗争，于是在肌肤表面表现出发热。发热其实并不算一种疾病，只是一种症状表现，孩子的脏腑比较娇嫩，自身抵抗力不足，一旦身体感受外邪，就容易出现发热的症状。

孩子发热是人体正气和外来邪气做斗争的表现，并不可怕，家长只需要弄清楚孩子发热的原因，对症积极干预调理，很快就会治愈。孩子发热的原因主要有以下几种：

感冒引起的发热	孩子感冒后，体表皮肤受到外邪侵袭造成闭塞，体内的热气无法从皮肤毛孔排出，从而引起发热。
肠胃不适引起的发热	小儿的脾胃功能相对薄弱，或者是当一些病原菌感染，如进食不消化或者不干净的食物时，很容易产生胃肠道的病症，除了引起恶心、呕吐、腹胀、腹泻等一些消化道症状之外，常常会伴有发热的情况。
炎症引起的发热	支气管炎、扁桃体炎、中耳炎、咽喉炎、肺炎、流行性腮腺炎、尿路感染等都可能引起发热。
出疹子引起的发热	小孩容易患多种出疹性疾病，例如幼儿急诊、风疹、麻疹等，这些疾病大多是由于病毒或细菌感染导致的，当免疫系统与细菌病毒做抗争时，就会表现出发热。
接种疫苗引起的发热	有些刚刚接种完疫苗的孩子，可能会出现发热症状。这种属于接种疫苗后的正常情况，家长无需做特殊处理。

滥用退热药并不可取

孩子生病发热时，家长不必太过焦急，但是滥用退热药反而对孩子的健康不利。许多家长担心孩子发热会损伤大脑，其实普通发热通常是不会损伤孩子大脑的。发热是孩子利用自身免疫力对抗病毒的表现，通过调动自身的免疫系统，让它更好地工作以防止感染。在发热过程中，会杀死一部分病原微生物，同时孩子的免疫力也会提高。孩子的脏器功能较弱，如果采用过激的方式来退热，反而不利于孩子的身体健康。

根据体温判断是否需要吃药或就医

一般来说，体温在38.5℃以下，也没有其他严重症状，就不用着急吃退热药或去医院，家长可以先观察孩子的情况，采取物理降温的方式。多让孩子少量多次地喝温开水，促进排尿，带走体内的热量。可以用温水擦拭身体或者洗澡，擦身体时重点擦拭头部、颈部、腋下、腹股沟等处。不建议采用酒精擦浴或冰敷的方式。如果体温超过了38.5℃，建议服用儿童退热药或请儿科医生处理。当然，38.5℃只是一个参考，如遇到以下这些情况，家长应立即带孩子就医：

- 3个月以下的孩子发热超过38℃。
- 3个月以上的孩子发热超过38.5℃。
- 发病24小时以上仍然超过38.5℃。
- 体温超过38.5℃，伴有头疼、呕吐等症状。
- 体温没有超过38.5℃，但精神萎靡不振，总想睡觉。
- 发热时精神不好、烦躁、嗜睡，面色发黄或灰暗。
- 发热伴有剧烈头疼，呕吐，不能进食。
- 出现皮疹或者皮下出血点。
- 发热时有明显的腹泻，特别是黏液脓血便。
- 呼吸困难，或者前囟饱满突出。
- 孩子出现高热惊厥。

高热惊厥的处理方法

爸爸妈妈最担心的就是小儿惊厥，有些孩子高热时易发生惊厥，双眼向上翻，咬紧牙关，甚至全身抽搐，家长看了既担心又痛心。孩子发生惊厥时建议立即就医，但在就医途中可能会发生一些意外，如孩子抽搐时咬伤舌头、异物进入气管引起窒息等。家长在此期间要护理好孩子，以免给孩子造成不必要的伤害。

孩子高热惊厥时，让孩子保持平卧，头偏向一侧，如果口鼻中有分泌物，要及时清理干净。家长不可搂抱或摇晃孩子。可以用软布包裹筷子放在孩子的上、下磨牙之间，防止咬伤舌头。

发热期间的日常护理及饮食原则

日常护理重点

多补水。多补充水分既有利于降温，又能促进毒素排出体外。

多休息，勤测体温。发热的孩子应卧床休息，减少体育锻炼，以免孩子过度劳累，对身体恢复不利。孩子的体温变化快，建议每4小时测一次体温，高热则每2小时测一次。

勤通风。保持室内空气清新，多开窗通风，室内温度控制在18~20℃为宜。炎热的夏季不要让过堂风直接吹患儿，空调及风扇不能直接吹患儿的头面部。

适当减衣服。发热时要给患儿减衣服，尤其是婴儿，一旦包裹过紧、过厚，很容易导致高温惊厥。可以少穿点，少盖点被子，也可把衣服解松一些，以便散热。

饮食原则

孩子发热时，饮食应以清淡为主，便于消化吸收，同时还要注意营养的补充，以流质、半流质为宜，如浓米汤、营养粥、汤面等。多吃蔬菜水果，尤其要吃富含维生素C的新鲜果蔬。不要给孩子吃容易上火的食物，如鱼、虾、羊肉，以及油炸、甜腻、辛辣食物。

肺炎

肺炎是小儿常见病中比较严重的一种，对孩子的免疫力和生长发育影响较大，如果没有进行彻底有效的治疗，会出现多次复发并且伴有并发症。肺炎一年四季均会出现，冬季较为严重，因为冬季较寒冷，空气质量也较低，孩子的抵抗力差，呼吸道容易感染而导致肺炎。

孩子脏腑娇嫩、脾胃虚弱，易得肺炎

小孩子因抵抗力差容易得肺炎，归根结底还是由于小孩脏腑娇嫩，尤其是脾胃虚弱、肺气不足所导致的。脾作为后天之本，负责充实人体的正气，孩子天生脾胃虚弱，正气必然不足，对病邪的抵抗力就低。中医学里，肺为娇脏，最容易受寒、热、燥、湿等外邪的侵袭，且肺在五脏六腑中的位置最高，又通过呼吸道与外界直接相通，当外邪来袭时，首先受伤害的就是肺。孩子的肺脏娇嫩，抵御外邪的能力也就更弱，当体内营卫之气不足以驱除外邪时，肺部就易引发炎症。随着年龄的增长，孩子的脏腑发育日趋完善，自身抵抗力变高，抵御外邪的能力也就越来越强了。总而言之，年龄越小的孩子由于脾胃越弱，肺越娇嫩，也就越容易患肺炎，而且反复迁延不愈，家长在日常护理时要多加注意。

肺炎早发现、早治疗，伤害少

轻度的肺炎与感冒类似，最先见到的症状是发热和咳嗽，所以很多家长误把肺炎当成了感冒，延误了病情。既然肺炎和感冒相似，作为家长该如何来区分呢？其实判断孩子是否得了肺炎并不是那么难，家长细心观察就能分辨。

首先，观察孩子的呼吸情况。感冒和支气管炎引起的咳、喘多呈阵发性，一般不会出现呼吸困难；而肺炎则会出现较为严重的咳嗽或咳喘，静止时呼吸频率增快，病情严重的患儿常表现为憋气，双侧鼻翼一张一张的，口唇发紫。

其次，观察孩子的精神状态。若孩子在发热、咳嗽、咳喘的同时，精神状态很好，不耽误玩和吃，说明孩子患肺炎的可能性较小。反之，孩子的精神状态差，甚至出现昏睡的情况，食欲也差，或一吃东西就哭闹不安，说明孩子得肺炎的可能性比较大，特别是孩子老睡觉，则说明病得较严重。

最后，可以听听孩子胸部的声音。在孩子安静或睡着时，脱去孩子的上衣，家长将耳朵轻轻地贴在孩子脊柱两侧的胸壁，仔细倾听，在孩子吸气时，是否能听到"咕噜儿"的声音（医学上称之为细小水泡音），如果能听到，就说明孩子肺部有炎症。此外，家长还要仔细观察孩子吸气时两侧肋骨边缘处是否随呼吸起伏而出现内陷的情况，如果有则说明孩子的肺炎已经比较严重了。

如果家长通过以上方法判断孩子患肺炎的可能性比较大，应立即就医，以免耽误孩子的病情。

肺炎日常护理及饮食原则

日常护理重点

时刻关注宝宝动态。家长要密切观察宝宝的体温变化、精神状态、呼吸情况。

要让患儿多休息。有发热、气急的孩子要卧床休息，气喘的孩子可采取半卧位。经常给孩子变化体位，可促进痰液排出，有利于康复。

居室环境要舒适。室温维持在20~24℃，湿度保持在50%左右。有些家长总担心孩子受凉，让卧室门窗紧闭，密不透风，空气混浊，反而对孩子极为不利。

保证呼吸道通畅。家长要及时清理孩子的鼻痂及呼吸道分泌物。痰多的肺炎患儿应该尽量将痰液咳出，防止痰液排出不畅而影响身体恢复。如果是黄色黏浓痰，咳不出来，家长可以采用扣背排痰法，帮助孩子把黏痰拍打松散，有利于排出。卧床休息时应勤翻身，这样既可防止肺部瘀血，也可使痰液易咳出。

饮食原则

肺炎患儿的食欲会比较差，应注意少食多餐，食物要易消化且富含营养。发热时鼓励孩子多喝温开水。发热和腹泻的孩子，饮食应以流食为主。体温降下来以后，待食欲好转，可以吃些半流质的食物。因患肺炎，孩子的消化功能减弱，有时进食时会因气急而影响呼吸，加重呼吸困难，家长不要勉强孩子进食，也忌过早进补。

肺炎预防是关键

孩子对疾病的抵抗力差，对环境的适应能力也比较差，一旦患上肺炎，病情会比较严重。因此，家长必须认真做好预防。

冬季是小儿肺炎的高发季节，大多小儿肺炎是由于孩子受凉感冒发展而成的，所以进入秋冬季节后，家长要更加细心照护好孩子，及时添加衣物。

在疾病流行阶段，尽量少去公共场所，以免无意中被传染。如果家人患有呼吸道感染性疾病，要尽量和孩子隔离，以防传染。

预防接种。接种肺炎球菌疫苗可以预防肺炎，接种流感疫苗可以预防因流感病毒而导致的肺炎。

被动吸烟会削弱肺部对抗感染的能力，很容易引发肺炎、气管炎。

为了孩子的健康，家人一定不要在家中吸烟。

加强体育锻炼。在天气好的时候多带孩子进行户外运动，并让孩子多晒晒太阳，有利于提高免疫力。

积极治疗上呼吸道疾病。如果孩子患了上呼吸道疾病，家长要辨明病因，积极治疗，否则病情会向下蔓延，很可能发展为支气管炎或肺炎。

积食

小儿积食是通俗的叫法，中医称之为积滞或食积，属于一种脾胃病症，大多是由于喂养不当、暴饮暴食、食过多生冷油腻食物，损伤脾胃，使脾胃运化功能失职，不能正常地腐熟水谷，停滞不化，胃气不降，反而上逆而引起食物积滞。

孩子积食的原因

积食一症多发生于婴幼儿时期，主要是指小儿乳食过量，损伤脾胃，使乳食停滞于中焦所形成的胃肠疾患。通俗点说，孩子吃得太多，消化不了，食物积聚在脾胃，导致孩子肚子鼓鼓的，吃不下饭。为什么小孩子容易积食？孩子积食的原因主要有以下几种：

一是不良的饮食习惯。孩子还不具备自我控制的能力，见到喜欢吃的东西就会管不住嘴，而且大多数孩子喜欢吃零食、喝饮料，吃得太多导致肠胃负担过重，就容易出现积食的情况。孩子本身的脾胃运化能力相对比较弱，再加上不当饮食，所以经常出现积食的情况。

二是家长喂养不当。孩子的脾胃比较娇弱，功能上因"脾常不足"而比较虚弱。且孩子本身处在生长发育阶段，生机旺盛，对营养物质的需求相对较大，脾胃的负担较重。再加上孩子缺乏自制能力，吃东西控制不住自己，所以特别需要家长在饮食上帮孩子节制。但有些家长为了给孩子增加营养，每天大鱼大肉伺候着，认为孩子吃得越多越健康，结果让孩子吃过量了，损伤了脾胃，导致积食。

三是运动过少。如果孩子的运动量小，能量的消耗不足，胃肠道的消化能力就会变弱，也容易出现积食的情况。

孩子积食的常见症状

孩子积食的症状有很多，家长可以仔细观察、认真判断。

- 口腔有异味；
- 大便比较臭；
- 大便次数增多，每次黏腻不爽；
- 舌苔变厚；
- 嘴唇这几天突然变得很红；
- 脸容易出现发红的情况；
- 食欲紊乱；
- 夜间睡觉不踏实；
- 感冒后容易咽喉肿痛；
- 饭后肚子胀痛、腹泻。

小儿积食起病多缓慢，病程较长，可能反复发作，也可能在一段时间内无明显表现。患儿可能以某一个症状为主，也可能多个症状同时出现。长期积食易导致孩子营养不良，对孩子的生长发育影响较大，家长一定要引起重视。

中医如何治疗小儿积食？

轻微积食推荐食疗调理

如果孩子积食不是很严重，建议通过食疗来调理。孩子积食的时候，进食除了保证正常能量供给以外，要注意减轻胃肠道负担，可以少量多餐，不要一次吃得过多。尽量吃容易消化、清淡的食物，如稀饭、面条、米糊、藕粉等。应避免油腻食物，如肥肉、油炸类食物、烧烤类食物等。冷饮、冰激凌等最伤脾胃，尽量不吃。注意多补充水分，可以适当进食富含蛋白质的食物，如蛋和肉等，但注意不要吃得过多，因为高蛋白食物不易消化，会增加胃肠负担。

另外，积食时除了饮食方面要注意以外，还可以选用健脾胃、助消化的食疗方促进患儿消化积食，恢复正常胃肠功能。

【推荐食疗方】

糖炒山楂

材料：山楂250克，白糖50克，白醋5毫升。

做法：山楂洗净晾干，去掉两头的蒂，切开取出果核。锅中加少量水，倒入白糖，小火熬成糖浆，倒入白醋，搅拌匀后关火，倒入山楂，不停地翻炒5～6分钟，待表面的糖浆变成白霜即可。

功效：开胃消食、化滞消积。

山药小米粥

材料：小米50克，新鲜山药100克。

做法：山药去皮、洗净，切块，与小米一起放入烧锅中，加水煮成稀粥即可。

功效：健脾益胃、助消化。

严重积食建议就医

如果孩子因积食导致发热、咳嗽严重，建议及时到医院就诊。医生一般会观察孩子的舌苔，摸摸小肚子，询问孩子的饮食及大便情况，判断应该选择什么药物治疗。家长需要听从医生建议，切勿自行用药，以免耽误病情。

揉揉肚子也能有效改善积食

孩子积食，肚子就会不舒服，常常表现为腹胀、食欲下降等。家长可以结合传统中医按摩，帮助孩子缓解因积食引起的不适。如果孩子的症状比较轻，可以给孩子揉揉肚子，就能帮助孩子有效改善积食。

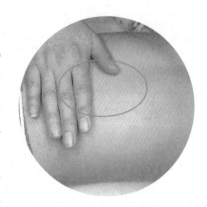

中医认为，经过肚子的经络是脾经、肝经和肾经，揉肚子能够起到调节肝、脾、肾三脏功能的作用，让身体内"痰、水、湿、瘀"的积聚散开。所以摩腹可以起到促进肠道蠕动的作用，还能促进消化。

摩腹的方法：家长把五个手指并拢，放在孩子的肚子上，然后以顺时针方向轻轻做盘旋状揉动，连续揉20~30分钟，对孩子脾胃的保养效果很好。摩腹的力度以孩子不感到疼痛为度，摩腹过程中孩子感到饥饿，或产生肠鸣音、排气等都是正常现象，家长不要过于担心。

养成好的饮食习惯，有效预防积食

孩子积食其实都是吃出来的，因此，帮孩子建立良好的饮食习惯就能有效预防积食。

一日三餐要定时定量。孩子的一日三餐要定时定量，有的孩子在幼儿园放学后想吃东西，为了等全家到齐后一起吃晚饭，家长有时会先给孩子一些零食，等晚一些和大人一起再吃一餐，这样孩子往往会吃得很多，容易积食。

主食宜选择易消化的米面。孩子的主食应尽量以易消化的面条和粥类为主，配合应季的蔬菜，肉类不宜多吃，特别是脾胃功能较弱的孩子，肉类应尽量在中午吃，晚饭不要吃肉。

每顿饭吃八分饱，尤其是晚饭。孩子因为年龄小，自控能力不强，当孩子感觉吃饱的时候，其实已经吃撑了。所以，建议家长给孩子准备饭食时，以八分饱的量为宜。

睡前1小时内尽量不要进食任何食物。因为晚上肠胃需要逐渐进入休息状态，蠕动变得缓慢，消化能力比白天要弱，如果强迫它们工作，就很容易积食。

睡醒30分钟内最好不要给孩子进食。因为胃肠从睡眠中的低速运转状态恢复到正常工作状态需要一段时间，孩子刚醒来后应该给胃肠一个缓冲时间，等胃肠功能慢慢恢复，再开始让孩子正常进食。

厌食

小儿厌食指长期的食欲减退或消失，以食量减少为主要症状，是一种慢性消化功能紊乱综合征，是儿科常见病、多发病，1~6岁小儿多见。严重者可导致营养不良、贫血、佝偻病及免疫力低下，对儿童的生长发育、营养状态和智力发展有不同程度的影响。

小儿厌食的原因

中医认为厌食的主要原因是喂养不当、饮食不调、损伤脾胃，导致胃失受纳、脾失健运。现在生活条件好了，家里长辈对孩子溺爱，孩子不想自己吃饭家长就一口一口追着喂；孩子喜欢的食物就让孩子使劲吃，一次吃很多；许多孩子喜欢吃零食，喝饮料，家长平时也不加节制。长此以往，这些不好的喂养习惯就会损害孩子的脾胃，胃口也就越来越差了。

治疗小儿厌食，家长先要辨清证型

脾胃不和型

孩子只是缺乏食欲，多吃觉得肚子胀，但是精神状态较好，大小便也比较正常。

脾胃气虚型

孩子除了不爱吃饭，精神也不太好，平时感觉乏力，不爱说话，大便不成形且夹杂未消化的食物。

脾胃阴虚型

孩子不爱吃饭，但爱喝水，尤其嗜好冷饮，皮肤干燥，大便干燥甚至便秘，小便色黄，舌苔少。

轻症厌食，中医首选食疗法

中医认为，脾胃虚弱是小儿厌食的根源，与饮食不节、喂养不当有关，如果孩子厌食的时间不长，症状也不是很严重，建议家长首选食疗方，通过调理孩子的脾胃来治疗小儿厌食。

橘皮小米山药粥——脾胃不和型

材料：鲜橘皮10克，小米50克，山药50克

做法：山药洗净，去皮，切成丁，与小米、橘皮一起放入砂锅中，加入适量水，煮成稀粥即可。

莲藕粥——脾胃气虚型

材料：莲藕250克，粳米100克，小米100克

做法：莲藕洗净，去皮，切成丁，与粳米、小米一起放入砂锅中，加入适量水，煮成粥即可。

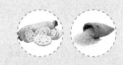

白萝卜粥——脾胃阴虚型

材料：白萝卜200克，粳米100克

做法：白萝卜洗净切成丝状或者丁状，过一遍热水。大米淘净放入锅中，加入适量水煮至七成熟。再将准备好的萝卜放入大米中，熬煮至黏稠状即可。1岁以上的孩子可依据口味适当添加一点盐。

中医按摩辅助治疗小儿厌食

—— 揉天枢 ——

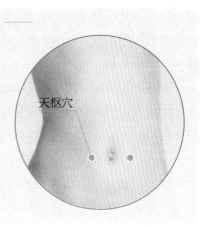

天枢穴

◎**穴位定位：**位于腹部，脐旁2寸，横平脐中，左右各1穴。

◎**按摩方法：**用食指或中指揉天枢穴 100~200次。

◎**功效：**疏调大肠、理气助消化，主治孩子腹胀、厌食、积食等。

—— 补脾经 ——

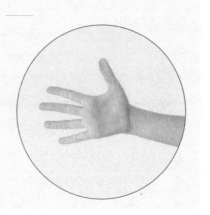

◎**穴位定位：**拇指桡侧缘指尖到指根成直线。

◎**按摩方法：**家长用拇指指腹从孩子拇指尖向指根方向直推 100~300次。

◎**功效：**健脾和胃，可调理孩子因脾虚导致的咳喘。

—— 推四横纹 ——

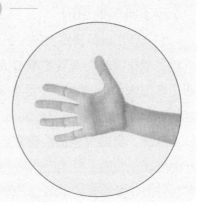

◎**穴位定位：**位于掌面，食指、中指、无名指、小指的第一指间关节横纹处。

◎**按摩方法：**家长一手持握孩子的手，使四指并拢，另一手拇指从孩子食指横纹处向小指横纹处推 20~50次。

◎**功效主治：**强健脾胃，预防孩子积食不消化。

孩子厌食的处理方法

不要哄食或强迫饮食，给孩子已经受伤的脾胃留出充足的休养时间。防止孩子在饮食上产生逆反心理，影响食欲。年龄越小的孩子，越容易产生饮食上的逆反心理。

纠正不正确的饮食习惯，如边吃边玩、没吃正餐先吃零食、爱吃冷饮等。

注重脾胃的日常调护，可以用健脾的食疗方调治以固本。给孩子的食物要有选择。家长应该了解哪些食物不易消化、哪些容易消化、哪些食物是孩子必需的，给孩子选择适合的食物。

适当地消食、理气、导滞以助脾胃功能恢复。对孩子的进食量应该有所控制，既不要让其暴饮暴食，也不要让其觉得经常没吃饱。

要控制孩子的吃糖量，饭前一两小时最好不要给其吃含糖的食物，因为血糖高会抑制食欲。

腹泻

腹泻是小儿常见病之一，每个年龄段的孩子都有患腹泻的可能。有关资料表明，我国5岁以下儿童腹泻的年发病率约为20%，平均每年每个儿童发病3.5次。因此，家长对小儿腹泻的防治要引起重视。但纯母乳喂养的孩子大便偏稀、次数相对较多，是因为母乳中的低聚糖具有"轻泻"作用，这不属于腹泻范畴，要加以区分。

孩子腹泻的原因

由于小儿各种身体功能未完全成熟稳定，患病后易出现各种功能紊乱，特别是消化吸收功能受影响最大，所以容易出现腹泻。腹泻是一组由多病原、多因素引起的，以大便次数增多和大便性状改变为特点的儿科常见病症。引起腹泻的原因主要有以下几种：

细菌、病毒等感染性因素引起的腹泻，往往发热在先，且先期多有呕吐的表现。发热、呕吐后，第一次排便未必是腹泻，但紧接着就可能出现腹泻。细菌感染导致的腹泻，大便中往往可见黏液，甚至脓血样物质，每次排便量并不多；病毒感染导致的腹泻，往往为稀水样大便，每次排便量很多。

脾胃虚弱、消化不良引起的腹泻，会表现为大便中有原始食物颗粒，味道很臭，常伴有腹胀、肠鸣等症状。

乳糖不耐受引起的腹泻，每天腹泻的次数至少十次，大便多为黄色或青绿色稀糊便，或呈蛋花汤样，泡沫多，有奶块。这是由于肠道分泌的乳糖酶减少，不能够完全消化、分解母乳或者牛奶当中的乳糖而引起的腹泻。

过敏性腹泻，在进食某些食物后数小时至1~2天内出现，会有反复，与进食明显相关。

气候原因，往往与气候改变、环境变化等有关，导致孩子腹部受凉引起腹泻，一般没有其他并发症。

孩子腹泻需要马上就医吗？

孩子腹泻需不需要去医院，很多家长拿不准。有些家长一看到孩子腹泻，就赶紧带孩子上医院，而医院是细菌和病毒密集的地方，容易交叉感染。如果孩子腹泻不严重，精神好，食欲也好，除了腹泻并没有其他症状，可以暂时不用去医院。但若孩子一旦出现以下情况，则要立即带他去医院就医：

- 3 个月以下的孩子，如果频繁出现水样便腹泻。
- 孩子严重腹泻，每次量多或次数很多。
- 孩子腹泻，大便中有血，或呈黑便。
- 孩子出现阵发性哭闹、尿少、呕吐等，或精神很差、面色改变等。
- 孩子不断呕吐，呕吐持续超过 24 小时没有好转。
- 腹泻伴有发热，3~6 个月的孩子发热超过 38℃，6 个月以上的孩子发热超过 38.5℃。
- 大便呈黑绿色、黏稠或胶冻样便。

摩腹＋补脾经，有效改善脾胃虚导致的腹泻

摩腹

摩腹做起来很简单，让孩子平躺，家长要用热水洗手或者摩擦生热，然后逆时针给孩子摩腹3分钟，一定要注意是逆时针，因为顺时针摩腹能通便，逆时针摩腹才能止泻。摩腹之后，可以再揉肚脐1分钟。揉肚脐有利于补充肚子的元气，让肠胃早点恢复正常功能。

补脾经

脾经位于拇指末节螺纹面，在拇指桡侧缘，指尖至指根成一线。家长一只手握住孩子的手掌，另一手的拇指按住孩子拇指末节的螺纹面，自患儿拇指尖推向拇指根，一般推300次，推动时要有节律，力度以孩子不觉得疼痛为宜。补脾经能健脾胃、补气血，主治脾胃虚弱、气血不足引起的食欲不振、消化不良等病症。

需要注意的是，无论是摩腹还是补脾经，家长都要做好保暖工作，否则孩子受凉，那就得不偿失了。由于孩子的皮肤很娇嫩，家长在操作前要剪短指甲，千万别伤着孩子。同时力度也别太大了，要柔和均匀，使孩子皮肤微红即可。

腹泻期间的日常护理及饮食原则

日常护理重点

居家环境要保持清洁卫生，孩子的玩具、衣物要清洗并消毒。孩子的餐具应与大人分开，每次使用完毕后清洗干净，并进行消毒处理。这样可以避免病从口入。

注意补充水分，防止脱水。脱水指的不仅仅是水分的丢失，同时还有电解质的丢失。严重脱水可造成大脑损伤，甚至危及生命。宝宝一旦

发生腹泻，尤其是水分含量多、次数多、量大的腹泻，要及时给宝宝服用口服补液盐，以补充丢失的水分和盐分，预防脱水。口服补液盐的用量要根据患儿的年龄来调整，且要少量多次，便于吸收。

保护臀部皮肤。患儿如果腹泻次数多，容易发生尿布皮炎，那么在孩子每次便后，要用温水帮他清洗臀部，然后擦干并涂抹凡士林或其他润肤露，再换上干净、柔软的尿布。在天气好、暖和的季节，可以暴露臀部，给小屁股晒晒太阳，有利于杀菌。

注意腹部保暖。可以用干毛巾包裹腹部或热水袋敷腹部，可以为腹部保温，有助于减少肠蠕动，减少腹泻次数。

饮食原则

腹泻期间进食应遵循少吃多餐、由少到多、由稀到稠的原则。小儿腹泻期间要禁食以下食物：

含有长纤维素的水果和蔬菜。因为纤维质、半纤维质均有促进肠道蠕动的作用，会加重腹泻。这类食物有菠萝、火龙果、柚子、西瓜、橘子、梨、菠菜、白菜、竹笋、洋葱、茭白、辣椒等。

导致胀气的食物。肠道内经常胀气会使腹泻加剧，牛奶、豆类及豆制品等都会导致胀气。

糖类。糖到肠内会引起发酸而加重胀气，因此腹泻期间也应不吃或少吃。

脂类食物。如肥肉、猪油、奶油、动物内脏等含有大量脂肪，可加剧腹泻，导致滑肠、久泻。

鸡蛋、鸭蛋、鹅蛋、奶类食物等蛋白质含量较高，腹泻期间也不宜吃。因为蛋白质不宜消化，会加重肠胃负担。

－火龙果－

－菠萝－

－柚子－

便秘

小儿便秘是指孩子的大便异常干硬，引起排便困难的疾病。干硬的粪便刺激肛门，产生疼痛和不适感，会导致孩子更加排斥甚至惧怕排大便，这样就会使肠道里的粪便异常干燥，便秘症状更加严重。

如何判断孩子是否便秘

很多家长会根据孩子的大便次数来判断是否便秘。其实便秘并不是依据大便次数来判断的，有些孩子一天会排2或3次大便，而有些孩子可能一周一两次，具体的情况因人而异。

判断孩子是否便秘，要对孩子大便的质和量进行总体观察，并且要看对孩子的健康状况有无影响。每个孩子的状况不同，排便次数也有差别，只要排便的性状及量均正常，孩子又无其他不适，就是正常的。

如果孩子持续4天或4天以上不大便，而在大便时，其粪便相当硬，在这种情况下，才应该认定孩子是发生了便秘。一般来说，孩子便秘时会有以下表现：大便量少、干燥；大便难以排出，排便时有痛感；腹部胀满、疼痛；食欲减退。

孩子长期便秘危险大

孩子经常便秘或大便干燥，会影响孩子的消化功能，使其食欲减退，逐渐造成孩子营养不良，影响其正常的生长和发育。粪便久积于肠道，就会再次发酵，产生大量有毒物质，如果不能及时排出体外，就可能对人的神经系统产生不良影响。便秘轻则令人嗜睡、口臭、口舌干燥、头痛、腹胀，重则引起心血管、肝肾等内脏疾病及风湿性关节炎，甚至引发肠癌。对孩子来说，便秘会降低脑功能，影响智力发育。

导致孩子便秘的原因

很多家长认为，孩子便秘应该是上火了，往往自行给孩子吃清火药。其实这种做法是不对的，导致孩子便秘的原因有很多种，调治的方法也各有不同。

脾胃虚弱导致便秘。脾主肌肉，脾虚使肠道肌肉乏力，大肠的传导功能失常，食物残渣停滞在大肠内，从而形成便秘。

胃肠积热导致便秘。孩子的饮食不规律、无节制，不爱吃蔬菜，就爱吃肉，还有的孩子喜欢吃薯片等食品，导致胃肠积热，食物积聚在胃里发酵化火，胃火下炎至大肠，灼伤大肠内的津液，使大便变干、变硬而致便秘。

没有养成定时的排便习惯。肠蠕动受神经机制支配，如果不及时对孩子进行定时排便训练，肠道排便反射的敏感度就会降低，极易导致便秘。

运动量过少造成便秘。孩子如果不爱运动，腹肌无力，肠道的蠕动就会降低，也会导致便秘。

中医如何治疗小儿便秘

食疗法缓解轻症便秘

大多数孩子便秘的主要原因是肠胃功能弱、饮食不当，如果孩子便秘不是很严重，可以尝试通过饮食进行调理。

1岁以下的孩子，脾胃功能发育不全，肠蠕动迟缓，主食又以乳品为主，经消化后产生的残渣少，自然缺少大便，这是正常现象，家长无需太担心。但有些奶粉中糖量不足，或蛋白质含量过高，易导致大便干燥，所以家长可以在孩子空腹时喂点水。到4~6个月需要添加辅食的时候，及时、科学地添加辅食。

1岁以上的孩子，有了一定的咀嚼能力，消化能力也逐步增强，多吃点能促进肠蠕动、软化粪便的食物，家长可以给孩子添加新鲜蔬果和粗粮，如西梅、橘子、藕、白菜、玉米、燕麦等，以促进胃肠蠕动，起到润肠、防便秘的作用。

适当给孩子多吃一些润肠食物，如菠菜、柚子、香蕉、花生、核桃、松子等。

脾虚便秘的孩子可以多吃些健脾益气的食物和中药材，如山药、扁豆、莲子、茯苓等。

可以给孩子多食用酸奶等，补充益生菌，来维持胃肠系统菌群的平衡，帮助肠道蠕动，促进排便。

不要吃辛辣刺激、油炸烧烤食物，也不要吃膨化食品，会引起肠燥，加重便秘。

中医按摩也能有效通便

—— 腹部按摩 ——

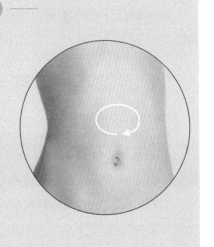

◎**按摩方法：** 孩子仰卧，家长将双手搓热，右手掌根部紧贴孩子的腹壁，左手掌叠在右手背上，按照右下腹、右上腹、左上腹、左下腹的顺时针方向按摩，每次5分钟左右，一天按摩2~3次。按摩时要注意力度，以孩子能接受为度。

◎**功效：** 促进肠胃蠕动，预防和缓解便秘。

—— 按揉天枢穴 ——

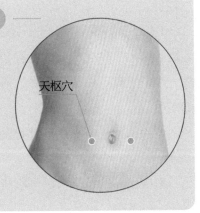

天枢穴

◎**穴位定位：** 位于腹部，横平脐中，前正中线旁开2寸。

◎**按摩方法：** 孩子仰卧，家长用拇指指端分别按揉孩子两侧天枢穴，每侧每次3分钟。饭后半小时按摩效果更好。

◎**功效：** 促进胃肠蠕动，改善便秘。

运外八卦

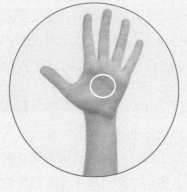

◎**穴位定位：**以掌心为圆心，以圆心至中指根横纹的2/3处为半径所做的圆周内。

◎**按摩方法：**家长用拇指或中指以顺时针或逆时针方向，在外八卦范围按揉。如果孩子有积食的情况，按揉的时候以逆时针为主，力度稍微重一些，频率稍微快一点；如果孩子平时脾胃虚弱，按揉时以顺时针为主，可以稍微缓和一些。

◎**功效：**宽胸理气，通滞散结。

博士悄悄话：建议给孩子做按摩的同时配合食疗，便秘期间孩子饮食以清淡、易消化的食物为主，每顿不应吃太饱，尤其睡前1小时内不要再吃任何东西，要给胃一定的休息时间。

改善生活习惯，有效防治便秘

培养孩子养成早睡早起和晨起排便的好习惯，坚持一段时间之后，便秘会有所改善或痊愈。

改善饮食也是重点。控制孩子食用膨化食品、蛋糕、饼干等市售儿童食品的量；引导孩子多喝水；多让孩子吃胡萝卜、青菜、薯类、玉米等纤维含量高的食物。此外，家长还应经常为孩子熬点绿豆薏米粥吃，也能起到解热通便的作用，但对脾虚的孩子少用清热法。

对于活动量小的孩子，可适当增加活动量，因为运动可增加肠蠕动，促进排便。

手足口病

手足口病是由肠道病毒引起的传染病，多发生于5岁以下儿童，容易在孩子群居地，如幼儿园、学校等出现局部流行，常表现为口痛、厌食、低热，手、足、口腔等部位出现小疱疹或小溃疡，少数患儿可引起并发症。手足口病是一种自限性的疾病，大多数会在1~2周之内痊愈。

手足口病是如何形成和发展的？

引发手足口病的肠道病毒有多种，最常见的是柯萨奇病毒A16型及肠道病毒71型，其感染途径包括消化道、呼吸道及接触传播。潜伏期一般为3~5天，发病初期，孩子会出现类似感冒的症状，如咳嗽、流鼻涕、哭闹等，多数不发热或低热，容易被误诊为感冒。

发病1~3天，孩子可能出现发热、口痛、厌食等症状，口腔黏膜、上腭及舌面可出现多处小水疱或溃疡，同时手、足、臀、臂、腿等部位出现零散斑丘疹，后转为疱疹，疱疹周围可有炎性红晕，疱内液体较少。这些疹子不痛、不痒。少部分孩子可能出现精神萎靡、烦躁不安、频繁呕吐、呼吸加快、面色苍白等重症。一旦发现孩子有发热、出疹等表现，应尽早到医院就诊。

手足口病的传播途径

手足口病的传播途径主要有三种：

- 儿童通过接触被病毒污染的毛巾、手绢、刷牙杯、玩具、食具、奶具以及床上用品、内衣等引起感染。
- 患儿咽喉分泌物及唾液中的病毒通过空气（飞沫）传播，故与生病的患儿近距离接触可造成传染。
- 饮用或食入被病毒污染的水、食物，也可发生感染。

手足口病患儿日常护理及饮食原则

日常护理重点

手足口病是由肠道病毒引起的，目前没有针对这类病毒的特效药，主要以对症治疗为主。如果怀疑孩子得了手足口病，可到正规医院儿科就诊，医生会根据孩子的病情做出诊断，家长遵循医嘱按时用药即可。由于手足口病属于传染病，家长还要做好日常护理。

孩子在患病期间要适当增加休息，不要剧烈运动，避免劳累。

要做好隔离。手足口病的传染性很强，如果家里不止一个孩子，需要把患儿隔离开，暂时也不能去幼儿园或学校。在病情好转之后可以适当到开阔的地方进行散步，待孩子彻底康复后才能去上学。

患儿皮肤、手脚要洗干净，指甲剪短，保持衣被清洁。不要让孩子搔抓皮疹，以免感染化脓。

患儿用过的餐具、玩具等要及时清洗并进行消毒处理。孩子的衣物、被子也要勤洗勤换，并放在太阳光下曝晒。

注意环境卫生，家里要常开窗通风，保持空气清新。家长每天要把孩子可接触的地方进行消毒处理。

饮食原则

起病初期，由于口腔疼痛，导致孩子比较抗拒吃东西。这种情况下建议以流食为主，少食多餐，维持基本的营养需求，食物尽量不要过烫或过凉，也不要过咸或过酸。可以用吸管吸食，这样可以减少食物与口腔黏膜的接触。可多进食富含维生素C的水果。如果孩子有口腔溃疡，进食大块或坚硬的水果还是比较困难的，可以将水果榨成果汁。

孩子在退热期间口腔疼痛会减轻，饮食可以以泥状或者糊状的食物为主，可以喝牛奶，补充蛋白质。在疾病恢复期的时候，可以增加进食的次数，但是每次的量不要过多，尽量提供优质高蛋白的食物来保证孩子能量的摄取。

手足口病重在预防

手足口病虽是一种常见的传染病，但只要家长预防得当，孩子很难中招。

- 注意个人卫生，勤洗手。
- 居家经常通风，定期进行消毒和清洁。衣服勤洗勤晒。
- 远离传染源，少去人群密集的场所。
- 接种手足口疫苗。
- 保持好的饮食习惯，多吃清淡、易消化的食物，多喝白开水。
- 保证睡眠质量，早睡早起，加强锻炼。

湿疹

湿疹俗称"奶癣"，是一种小儿常见的皮肤病，属于变态反应性疾病，也叫过敏性疾病，在婴幼儿期常见，以1～6个月大的婴儿最为多见，常表现为患儿两侧面颊出现对称性红斑、丘疹、丘疱珍、水疱等症状。

诱发湿疹的因素

由于湿疹是一种过敏反应病症，主要由内外两大因素引起。孩子遗传或非遗传的皮肤特性和过敏体质是内因，外因比较复杂，常见的有下面一些因素：

- 对动物蛋白食物过敏：对牛羊奶、牛羊肉、鱼、虾、蛋等食物过敏。
- 对花粉、螨虫、霉菌、二手烟及动物毛屑等过敏。

- 大人过量喂养孩子，导致孩子吸收消化不良，从而引起过敏。
- 吃糖过多，造成肠内异常发酵，体质下降，导致过敏。
- 日光、紫外线、寒冷、湿热等环境因素所致。
- 肥皂、化妆品、皮毛细纤、花粉、油漆的刺激。

中医健脾除湿辅助治疗湿疹

中医认为，湿疹是由于孩子感受了风湿热邪所致，在治疗时主要以祛风、除湿、清热、健脾为主。中医比较强调药食同源，可以食用某些具有一定药用价值的食材，来达到祛湿、清热、止痒、治疗湿疹的目的，如扁豆、薏米、红豆、马齿苋、绿豆、荷叶等具有健脾除湿、清热利湿的作用，可以适当给孩子吃点。

在湿疹急性发作期，尽量避免进食牛奶、鸡蛋、海鲜、牛羊肉等容易引起过敏的食物。母乳喂养的孩子，妈妈也不宜吃这些食物，还应少吃辛辣、油腻食物。

湿疹患儿日常护理重点

湿疹部位需正确处理

湿疹部位忌用热水洗，也不要用肥皂洗擦，待其结痂掉落后自然会痊愈。湿疹部位结痂前，切忌硬性揭下痂皮，会损伤孩子的皮肤；结痂后，可涂上鱼肝油使结痂软化慢慢脱落。

谨防孩子抓挠。湿疹发生时，孩子会有强烈的痒感，难免用手去抓，容易造成感染，所以家长应勤给孩子剪指甲、勤洗手，最好在其患处涂抹一些不刺激的润肤膏，给患处保温，减少痒感。润肤膏配合药物使用，也会增强治疗效果。

孩子的衣物选纯棉的

给孩子准备的衣物应挑选纯棉的，要宽松、轻软、透气性好、吸湿性好，不宜穿着尼龙等化学纤维质地的衣服。孩子的衣物、被褥要勤换洗，尿湿后要及时更换，尽量少用或不用纸尿裤。洗涤孩子的衣物时，要选择碱性弱、刺激性小的肥皂或洗衣液，最好是手洗，漂洗干净，减少化学品残留。

另外，有少部分孩子对宠物的毛发会有敏感反应，所以家里最好不要养宠物，如果有，一定要注意宠物的清洁卫生。

过敏性鼻炎

小儿过敏性鼻炎是变态反应性鼻炎的简称，症状与感冒相似，主要有鼻痒、打喷嚏、流清鼻涕、鼻塞等，并伴有眼睛红肿、瘙痒流泪、听力减退等症状。患病后鼻塞严重，需要用嘴巴呼吸，有些患儿还会伴有头昏、耳闷、头痛，严重影响孩子的生活和学习，家长要多加重视。

过敏性鼻炎的典型症状

小儿过敏性鼻炎是一种鼻腔黏膜的过敏性疾病，是婴幼儿发生率最高的过敏性疾病，且发病率呈上升趋势。其主要的临床症状有：

- 鼻痒且反复发作，孩子会忍不住用手揉鼻子，或者做歪口、耸鼻的奇怪动作。
- 连续打喷嚏，且是阵发性的，多在晨起或夜晚或接触过敏原后发作。

- 流清鼻涕，而且越流越多，持续时间较长，有时鼻涕会自主流下来。

- 有时候单侧鼻塞，有时候双侧鼻塞，也可能鼻塞随着体位的变动而改变，例如睡觉时，如果左侧卧，左侧鼻塞，右侧通气，如果右侧卧，右侧鼻塞，左侧通气。

- 若孩子休息的房间中有致敏原，可能会出现晚上咳嗽的症状，多数是干咳。

- 和感冒不同的是，变应性鼻炎一般是在气候改变、早上起床或吸入外界过敏性抗原时发作，不过这种现象一般只持续 10 ~ 20 分钟，一天之中可能间歇出现。

过敏性鼻炎如何治疗？

2~6岁的小儿是诱发过敏性鼻炎的高发年龄，严重的患儿还会出现过敏性咳嗽和哮喘。患儿如果没有及时治疗，等病情发展到一定程度，就会引发很多并发症，如鼻窦炎、中耳炎、支气管哮喘等。不管是何种原因引起的过敏性鼻炎，都会影响小儿的睡眠，并导致小儿的生物钟紊乱，引起哭闹。鼻炎发作后，必须经常用口呼吸，可能会造成小儿上颌骨发育不良，使颧骨变小，影响面容。因此，如果孩子出现过敏性鼻炎的相关症状，一定要尽快带孩子到正规医院的耳鼻喉科就诊。医生一般会向家长询问孩子的既往病史、症状，并检查孩子的呼吸道，必要时会进行抽血或皮肤点刺试验来查找过敏原。

如果确定是过敏性鼻炎，暂时并没有根治的办法，药物只能缓解鼻炎的症状，让孩子远离过敏原才是治疗过敏性鼻炎的根本办法。在鼻炎发作的时候，可以服用一些缓解鼻炎症状的中成药，以缓解鼻炎发作时的不适症状，但一定要遵循医嘱。

按摩迎香、印堂、鼻通穴，有效缓解过敏性鼻炎

—— 按揉迎香穴 ——

◎**穴位定位：** 位于鼻唇沟内，鼻翼外缘旁开0.5寸处。

◎**按摩方法：** 家长用食指或中指置于孩子鼻翼两侧的迎香穴上，用力按压揉动。先按后揉，按揉1~3分钟。

◎**功效：** 通鼻窍、活血通络。

—— 推擦印堂穴 ——

◎**穴位定位：** 印堂即眉心，位于两眉头连线的中点。

◎**按摩方法：** 家长用大拇指指腹推擦印堂穴1分钟。推擦时拇指着力点紧贴皮肤，用力均匀柔和。

◎**功效：** 醒脑通窍、明目。

—— 按摩鼻通穴 ——

◎**穴位定位：** 又名上迎香，位于鼻孔两侧，鼻唇沟上端尽处。

◎**按摩方法：** 家长用双手拇指和食指指腹按摩孩子鼻孔两侧的鼻通穴2~3分钟。

◎**功效：** 清利鼻窍、通络止痛。

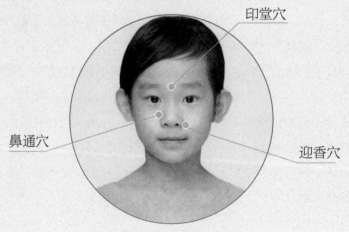

过敏性鼻炎的日常护理及饮食原则

日常护理重点

过敏性鼻炎的危害较大，又是小儿高发疾病，家长应提前采取预防措施，患病后要密切关注孩子的身体变化，正确用药和进行护理。

避免孩子与常见的过敏原接触，平时应与花粉、宠物等保持一定的距离，花粉季节出门可给小儿戴上口罩。当不小心接触这些东西后，出现流鼻涕、打喷嚏等症状时应及时就医。

对于患有季节性过敏性鼻炎的孩子，在疾病高发的季节，应减少户外活动，如果必须进行户外活动，要提前做好防护措施。在需要开空调的季节，也要经常更换或清洗空调的过滤网，以免空气中夹带尘埃物。孩子的枕头不宜使用合成纤维制成的，容易产生细菌。

爸爸妈妈应经常将房间的灰尘打扫干净，最好能每天都清扫，可使用吸尘器将房间灰尘吸干净。家具和玩具也要保持洁净，避免堆积大量灰尘，一些容易被忽略的角落尤其要注意。

平时要让孩子多进行体育锻炼，增强体质，提高身体免疫力，减少过敏性鼻炎的发作。

天气不冷的时候，可以让孩子用冷水洗脸，有助于加强局部血液循环，从而保持鼻腔通气。

经常轻轻按摩孩子鼻骨的两翼，有利于保持呼吸畅通，可有效缓解过敏性鼻炎的症状。

在季节变换的时候，由于温差较大，要注意过敏性鼻炎的发作，及时给孩子添加衣服，加强保暖，减少由于受寒而引起的喷嚏诱发过敏性鼻炎。

饮食原则

多吃富含维生素的食物。很多维生素可以增强身体抵抗力，预防过敏，比如维生素C可有效减缓过敏现象，维生素E可以预防免疫功能衰退等，这些维生素可有效减轻过敏性鼻炎的症状。可多吃胡萝卜、深绿色蔬菜、燕麦等富含维生素的食物。

忌生冷、辛辣食物。生冷食物会降低小儿的身体免疫力，容易引起呼吸道过敏，加重过敏性鼻炎症状，患儿要避免食用冰激凌、冷饮等。吃辛辣食物是引起过敏性鼻炎的病因之一，患病后食用还容易刺激呼吸道黏膜，加重病情。

忌易引发过敏的食物。孩子应尽量避免食用鱼、虾、蟹等易引起过敏的食物，也有些孩子对鸡蛋和牛奶也容易产生过敏，要查清这些食物是否为过敏原。

哮喘

哮喘是儿童常见的慢性呼吸道疾病，常反复发作，不容易根治。据统计，有70%以上的儿童哮喘首发在3岁以内，因此婴幼儿、学龄前儿童反复发作哮喘时家长要引起重视，并积极诊治，早诊断、早治疗，避免日后发展成严重的哮喘，甚至发展为成人哮喘。

孩子为什么容易得哮喘

哮喘是一种严重危害儿童身体健康的常见慢性呼吸道疾病，也属于过敏性疾病。其发病率高，比较难治，常表现为反复发作的慢性病程，严重影响了患儿的生活及生长发育。严重哮喘发作时，若未得到及时有效的治疗，可以致命。近年来，儿童哮喘的发病率呈上升趋势。为什么小孩子这么容易得哮喘呢？

从中医学来讲，孩子的脏腑娇嫩，脾、肺、肾不足，抵抗力差，容易受到外邪侵袭而诱发哮喘。因此，家长应在日常生活中照顾好孩子，尽量远离引发哮喘的危险因素。

哮喘的病因与症状表现

哮喘的发生是由多种因素构成。外源性的因素主要是接触了各种过敏物质，例如，导致呼吸道感染的某些病毒、支原体等；吸入了粉尘、霉菌、螨虫、不同季节的花粉；甚至某些食品，包括牛奶、鱼、虾等；嗅到某些气味（粉刷房屋）或气候变化都可能引起哮喘的发作。内源性因素常与患儿的过敏体质及遗传因素有关。此外，气候变化、剧烈运动、过度情绪变化或口服某些药物也可以诱发哮喘。

呼吸道感染引发的哮喘，常在感染后数日逐渐发病；接触过敏原后所致的哮喘则发病急，数小时或更短的时间内出现典型的症状。初起时仅有干咳，后期可排出白色黏稠痰液，患儿烦躁不安、气促、面色苍白、呼气性呼吸困难，在胸骨上下部和锁骨的上部常见凹陷。

本病以呼气性呼吸困难为主，并可听到呼吸道发出哨笛声。病情严重时口唇、指甲发绀，全身冷汗，面部表情恐怖，不能平卧。缺氧严重可引起昏迷，甚至因呼吸衰竭而死亡。常见并发症还有心力衰竭等。

三伏贴补阳气，预防哮喘复发

三伏贴的贴敷原理是夏季三伏日，人体的阳气最旺盛，经络气血流注也最旺盛，适宜用三伏贴补充体内阳气。儿童贴三伏贴能够疏通经络、调理气血、健脾和胃、扶助正气、调养身体。中医认为哮喘患者往往体质虚寒，阳气不足，所以在夏季三伏阳气最盛的时候，在一些人体特定穴位上贴上膏药，可以鼓舞体内阳气，祛风散寒，防止哮喘复发。

三伏贴适合除了新生儿以外的所有人贴敷，特别适合免疫力低下、患有呼吸系统疾病的孩子。三伏贴贴上以后若表现出灼烧、胀痛，可取下药膏，但不要用手抓挠，若灼伤应立即就医。贴的时候要找准穴位贴敷，建议到医院中医科由专业医生来操作。

哮喘的日常护理及饮食原则

日常护理重点

家长要做好家居卫生，让孩子尽可能地避开过敏原。

生活有规律，保证孩子充足的睡眠，中午建议午睡1小时。饮食上做到不偏食、不挑食。

寒冷的冬季，在接触冷空气前，用围巾或口罩保护好孩子的鼻子和嘴巴，这样孩子吸入的就是较为温暖的空气，降低哮喘的发作率。

腹式呼吸、吹哨子、吹气球、大声唱歌等呼吸训练可以改善肺部的换气功能与血液循环，当哮喘发作时，有助于减轻支气管痉挛，缓解喘息症状，家长平时可以带孩子多做呼吸训练。

多数哮喘患儿存在一定的心理障碍，如焦虑、抑郁、沮丧、恐惧等，家长平时要想办法消除孩子的负面心理，少批评或训斥孩子，引导孩子乐观积极向上，帮孩子培养一些兴趣爱好，如唱歌、跳舞、弹琴、画画等，有助于放松情绪、稳定病情。

孩子每次哮喘发作时家长应做好记录，包括发作的时间、地点、轻重程度、症状、当天的饮食、运动、天气、环境、接触物以及孩子当时的情绪或其他特殊事件等，总结经验，找出与哮喘发作有关的因素，并避免孩子接触这些因素，有效预防哮喘发作。

饮食原则

食物宜清淡，不宜过咸、过甜、过腻、过于刺激。

镁、钙有减少过敏的作用，可多食海带、芝麻、花生、核桃、豆制品、绿叶蔬菜等含镁、钙丰富的食品。

－海带－ 　　　　 －芝麻－ 　　　　 －花生

补充足够的优质蛋白质（对蛋白质不过敏者），如蛋类、牛奶、瘦肉、鱼等。脂肪类食品不宜进食过多。

增加含维生素多的食品，如各种水果、蔬菜，以增强机体的抗病能力。哮喘发作时出汗多、进食少，使患儿失去较多的水分，所以患儿要多饮水，水有利于稀释痰液，使痰易排出。

患儿可适当吃一些润肺化痰的食物，如百合、银耳、柑橘、萝卜、梨、鲜藕、蜂蜜、猕猴桃等，但体寒者不宜多吃。

哮喘发作时，少吃胀气及难消化的食物，如豆类、土豆、红薯等，以防加重呼吸困难。

接种疫苗是预防和控制传染病最经济、最有效的措施，疫苗接种为无数孩子的健康成长撑起了"保护伞"。孩子多大可接种疫苗？需要接种哪几类疫苗？接种疫苗后如何进行护理？接种疫苗后出现发热怎么办？关于疫苗接种，本章为您解答所有疑惑。

第 六 章

疫苗
——孩子健康的『保护伞』

儿童疫苗接种相关知识

疫苗是什么？

疫苗指的是能够引起人体免疫反应的一些生物制剂，通常的成分是蛋白质、多糖或者核酸。有的疫苗成分单一，有的疫苗则有不同的成分，还有的疫苗是将致病原减毒制成的。疫苗在进入人体之后，能够产生破坏、抑制、灭活致病原的特殊免疫成分，从而达到预防和治疗疾病的目的。

为什么要接种疫苗？

疫苗的接种是控制、预防和消灭传染病最有效的措施，也是目前大家公认的最经济有效的防治疾病的方式。人类通过接种疫苗，能够有效地提高人体的免疫力，减少疾病和死亡的发生，避免病毒的入侵，有效控制流行性传染疾病。

疫苗对于婴幼儿来说是非

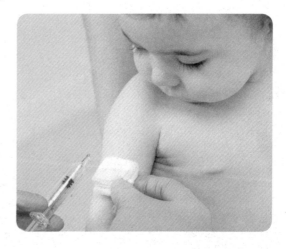

常重要的。婴幼儿虽然可以从母体中获得一些抗体,让婴幼儿免受各种传染疾病的危害,但随着孩子的成长,这些从母体中获得的保护性抗体已经不足以保护孩子,而孩子自身的免疫系统发育还不够成熟,无法起到保护机体的作用。因此,可以通过接种疫苗来增强孩子的免疫力,帮助孩子建立起成熟的免疫系统,为孩子提供更持久牢固的免疫屏障。

疫苗有哪几类?

疫苗的分类有很多种方式,可以根据疫苗的性质进行划分,也可以根据疫苗的制造工艺进行划分,还可以根据疫苗是否收费以及剂型来进行划分。

按性质分类

按照疫苗的性质进行分类,疫苗可以分为减毒活疫苗和灭活疫苗。减毒活疫苗指的是采用人工的方法,将病原微生物进行减毒,让其毒性降低,但保留其原有的特征。通过将这些减毒的活疫苗输入人体来引起人体的主动免疫反应,产生免疫抗体和物质,从而达到防治疾病的目的。目前常见的减毒活疫苗有卡介疫苗、麻风疫苗、腮腺炎疫苗、水痘疫苗等。

灭活疫苗指的是采用物理或者化学的方法,将病原微生物直接杀死,让其没有致病的能力,不会对人体产生伤害,但保留其中抗原的成分,接种后依然会引起人体的免疫反应,产生免疫物质。灭活疫苗一般需要进行多次接种,否则难以形成保护性抗体。目前常见的灭活疫苗主要有乙脑灭活疫苗、甲肝灭活疫苗等。

按是否收费分类

按照疫苗是否收费分类,疫苗可以分为一类疫苗和二类疫苗。 一类疫苗是指国家免费提供,公民应当依照政府的规定受种的疫苗,包括国家免疫规划确定的疫苗,省、自治区、直辖市人民政府在执行国家免疫规划时增加的疫苗,以及县级以上人民政府或者其卫生主管部门组织的应急接种或者群体性预防接种所使用的疫苗。第二类疫苗是指由公民自费并且自愿受种的疫苗。

一类疫苗免疫程序时间表

疫苗名称	年（月）龄													
	0月	1月	2月	3月	4月	5月	6月	8月	9月	18月	2岁	3岁	4岁	6岁
乙肝疫苗	√	√					√							
卡介苗	√													
脊灰疫苗			√	√	√								√	
百白破疫苗				√	√	√				√				
白破疫苗														√
麻风疫苗								√						
麻腮风疫苗										√				
乙脑减毒活疫苗								√			√			
A 群流脑疫苗							√		√					
A+C 群流脑疫苗												√		√
甲肝减毒活疫苗										√				

常见的二类疫苗及接种时间表

种类	接种时间
HIB 疫苗（B 型流感嗜血杆菌结合疫苗）	7 个月注射，间隔 2 ~ 3 个月注射一针，第二年加强一针效果最好
水痘疫苗	1 岁以上接种
肺炎疫苗	2 岁以上接种
流感疫苗	6 个月以上的宝宝根据情况一年接种一次
轮状病毒疫苗	6 个月 ~ 3 岁的宝宝可以每年口服一次

常规预防接种能预防哪些疾病？

常规预防接种一般在孩子3岁之前进行，孩子1周岁以前基本上每个月都要进行一次预防接种，3岁之后接种疫苗的种类和次数减少。这些常规预防接种的疫苗可以有效地预防很多传染性疾病的发生。现在流行病多有发生，为了儿童的健康，家长们应该重视常规疫苗接种，按时带孩子接种疫苗。

常规预防接种能预防的疾病

	疫苗名称	可预防疾病
常见一类疫苗	卡介苗	结核病
	乙肝疫苗	乙型肝炎
	脊灰疫苗	脊髓灰质炎
	百白破疫苗	白喉、百日咳、破伤风
	白破疫苗	白喉、破伤风
	麻风疫苗	麻疹、风疹
	麻腮风疫苗	麻疹、流行性腮腺炎、风疹
	乙脑减毒活疫苗	流行性乙型脑炎
	A 群流脑疫苗	A 群流行性脑脊髓膜炎
	A+C 群流脑疫苗	A、C 群流行性脑脊髓膜炎
	甲肝减毒活疫苗	甲型肝炎
常见二类疫苗	水痘疫苗	水痘带状疱疹病毒引起的传染病
	HIB 疫苗	B 型流感嗜血杆菌引起的上呼吸道感染
	轮状病毒疫苗	轮状病毒引起的腹泻
	流感疫苗	流行性感冒
	23 价肺炎球菌疫苗	23 种肺炎球菌所导致的肺炎
	狂犬疫苗	狂犬病

儿童疫苗的集中程序是充分考虑了传染病高发概率，以及接种后在人体内留存的时间等因素制定的，因此为了孩子的健康，家长需要严格按照儿童疫苗接种程序的规定，让孩子能够按时接种不同的疫苗。

儿童预防接种的注意事项

接种疫苗前家长需要做的准备工作

预防接种对宝宝的身体健康是非常有好处的，可以有效地预防各种流行性疾病，但在宝宝接种疫苗之前，家长需要做一些准备工作，充分了解疫苗的详细信息以及宝宝的身体情况，避免出现各种不良反应。

准备好预防接种证

家长在带孩子接种疫苗之前，需要为孩子准备好预防接种证，且每次接种疫苗都需携带该证，家长应保管好。

了解疫苗的相关知识

家长应该了解疫苗的相关知识，知道打各种疫苗的时间以及禁忌等。在孩子进行疫苗接种前，家长应该充分了解孩子的身体状况，注意孩子最近是否有发热、拉肚子、咳嗽等症状，最近是否在吃药，三个月内有没有使用过免疫球蛋白等。如果孩子有这些情况，应及时告知医生，让医生判断孩子是否能够打疫苗。

了解孩子是否有过敏史和禁忌证

充分地了解孩子是否有过敏史和禁忌证，有过敏史和禁忌证的孩子在接种疫苗时需要遵医嘱，谨慎接种，例如心脏疾患、肝肾疾病、活动性肺结核、皮肤化脓性疾病、急性传染病等。如果孩子正在接受皮质激素、放射治疗或抗代谢药物治疗，也需要推迟疫苗的接种时间。

接种前做好护理工作

在接种疫苗之前，家长还应当做好孩子的护理工作，饮食要均衡，避免过度饥饿和劳累，防止孩子在打疫苗时出现晕针的情况。帮助孩子清洗干净手臂，穿上舒适宽大的衣物，方便注射，也可避免对注射部位的摩擦。

疫苗接种的禁忌

疫苗接种是为了防治各种疾病，但是疫苗的接种也是有禁忌的，一旦孩子在禁忌状态下接种疫苗，可能会对身体产生一定的危害，甚至产生严重的反应。一般来说，孩子需要在健康状态下接种疫苗，如果孩子身体出现异常，或者最近吃过药，抑或正在吃药，都需要详细咨询医生，医生会根据孩子的情况来判断是否能接种。

有些疫苗有着特殊禁忌，家长需要了解清楚。

凡患有免疫缺陷病、白血病和恶性肿瘤以及因放射治疗、脾切除而使免疫功能受到抑制者，均不能使用活疫苗。活疫苗也不能用于孕妇，因为在妊娠早期可能引起胎儿畸形。

患有湿疹、化脓性中耳炎或其他严重皮肤病者不能接种卡介苗，结核菌素试验阳性者也不宜接种卡介苗。锡克试验阴性者不需要接种白喉疫苗，肾炎的恢复期及慢性肾炎患者禁止接种白喉疫苗。

既往有神经系统疾患或脑病史者不能接种百白破三联疫苗。接种百白破疫苗后出现严重异常反应，应停止后针次的接种。

严重的腹泻病人可在疾病康复后接种脊髓灰质炎疫苗。在孩子接种了脊髓灰质炎减活疫苗的前后半小时不得进行哺乳和喂食。

孩子接种疫苗后家庭护理原则

有些孩子在接种疫苗后会出现一些不适症状，如低热、局部红肿、疼痛、发痒等，家长很担心，但其实没必要。疫苗在刺激人体免疫系统成熟的过程中，会出现一些反应性症状，这说明疫苗起作用了，是好事，家长只要做好护理就行了。

孩子接种疫苗后，应在接种地点留观30分钟，如无不良反应再回家。

让孩子多休息，避免剧烈活动，24小时之内最好不要给孩子洗澡，尤其接种部位不要碰水。

保持接种部位清洁，衣物要勤洗勤换，不要让孩子用手挠抓接种部位，以免局部感染。

多给孩子喝白开水（除服脊灰糖丸外），6个月内以母乳或奶粉为主，6个月以上的孩子吃清淡的饮食，多吃新鲜蔬果，少吃或不吃生冷刺激的食物。

若是口服的减毒活疫苗，如糖丸等，应在服疫苗的前后半小时之内不吃热的食物和水、奶等，以免影响疫苗的免疫效果。

如果出现低热（体温低于38.5℃），可采用物理降温的方式给孩子降温，并多给孩子饮水；如果出现高热且没有其他症状，可以服用退热药，一旦伴有其他症状，需及时就医。

接种部位出现局部红肿，若红肿部位小、程度较轻的话，可以给孩子穿干净柔软的衣服，避免孩子用手去抓，一般2～3天会消退；如果红肿范围较大、较严重，应到医院就诊。

接种部位皮下局部有硬结，表面不红，按压没有明显痛感，也没有其他症状。建议接种后的前3天采用干冷敷，在硬结的皮肤处放上干净、干燥的小毛巾，并在毛巾上面放冰袋，每天2或3次，每次10分钟，可以减少局部充血肿胀。第4天开始改为干热敷，在毛巾上面放上热水袋，每天2或3次，每次10分钟。

接种卡介苗后局部会出现红肿、化脓、破溃、结痂，最后留有小疤，这是正常现象，家长无需进行特殊处理，平时保持清洁卫生，用清水擦拭即可。

总之，如果在接种疫苗后孩子出现低热、局部红肿、疼痛、发痒的状况属于正常的现象，家长不必太过紧张，一般这些症状会在短时间内消失。如果孩子在接种之后出现高热、大范围红肿、触痛、皮疹等过敏反应，那么家长就应该引起重视了，应该及时就医，并且采取相应的措施。

疫苗接种常见问题解答

接种疫苗后为什么会发热？

孩子在3岁之前需要接种很多疫苗，有的孩子在接种完疫苗之后会出现低热等一些不良反应，这种症状一般持续一两天会自行消退，这是比较常见的正常现象，家长无需担心。那么孩子接种完疫苗之后为什么会发热呢？这是因为孩子接种的疫苗是采用灭活的致病菌制成的，对人体来说属于异种抗

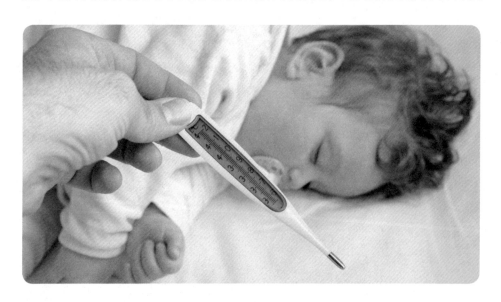

原，进入人体后可刺激机体免疫系统产生特异性抗体，抗原与抗体发生反应释放致热原，作用于体温调节中枢，就可使机体出现发热症状。除此之外，孩子在接种疫苗之后出现发热的现象有可能除了疫苗之外，还发生了其他感染，家长要区别对待。

孩子在接种疫苗之后发热一般都是低热，在 38.5℃以下，并且持续的时间比较短，一两天的时间就会自行消退，家长对此不必过于担心，可以让孩子多喝水、多休息，采用物理降温的方式帮孩子降温，并且及时观察孩子的反应和体温的变化。如果孩子发热持续3天以上都没有好转的迹象，或出现高热，或伴有其他症状，应及时就医。

接种疫苗后为什么接种部位出现红肿？

有家长反映孩子在接种疫苗之后局部会出现红肿，非常担心孩子的健康，其实接种疫苗之后孩子出现红肿是正常的反应。如果红肿非常小，不足1.5厘米，可不用做特殊处理，观察即可，一般2～3天之后红肿会自行消退。如果红肿部位直径1.5～3.0厘米，接种后的前3天可以先用干净的毛巾冷敷，第四天再热敷，每次10～15分钟，每天敷3或4次。如果红肿部位比较大，建议及时就医。

接种疫苗后为什么产生硬结？

疫苗接种后产生硬结的原因是有的疫苗含有吸附剂，在接种疫苗之后，接种部位的吸附剂没有被完全吸收，吸附剂刺激接种部位结缔组织增生，从而形成硬块或者硬结。

一般来说，孩子在接种疫苗之后产生硬结并不需要特殊处理，这种情况会在短期内自行消退。如果孩子在接种卡介疫苗后，腋下出现无痛的包块，则考虑为接种卡介苗后的反应，造成腋下淋巴结肿大，可以做 B 超对包块的性质进行确定，如果为卡介苗的接种反应，可遵循医嘱进行保守的治疗。其他疫苗接种之后，接种部位出现轻微的硬块，则不必担心和处理。

能不能同时接种多种疫苗？

能不能同时接种多种疫苗不可以一概而论，需要看接种什么样的疫苗。有些疫苗不能同时接种，有些疫苗同时接种非但不会影响免疫力的增加，而且还可使反应不加重，例如在服脊髓灰质炎糖丸疫苗的同时接种卡介苗或"百白破"类毒素混合制剂。不过为了保障接种的安全，接种不同的疫苗时需要接种于不同的部位。

虽然不同的疫苗可以同时进行接种，但家长需要在专业医生的指导下进行接种，切不可自行判断，为了图方便而盲目进行接种，以免对孩子的身体造成危害。

为了接种的方便，家长也可以选择联合疫苗进行接种，联合疫苗结合了多种疾病的疫苗，一次接种就可以预防多种疾病，并且安全性强、效果好。例如，百白破疫苗就是百日咳、白喉和破伤风疫苗的联合疫苗。

孩子出湿疹期间能不能接种疫苗？

小宝宝出湿疹是经常发生的事情，很多父母会疑惑：孩子出湿疹期间能否接种疫苗？由于湿疹的原因非常复杂，因此还需要根据湿疹的不同情况、类型以及严重程度来判断是否能够接种疫苗。一般来说，如果孩子的湿疹比较严重，特别是需要接种的部位有严重的湿疹，那就需要先对湿疹进行药物治疗，待湿疹得到控制和好转之后，再进行疫苗的接种；如果孩子的湿疹并不严重，只是轻微的，可以根据医嘱进行疫苗的接种。

此外，如果孩子有特别明确的蛋类过敏，在这种情况下接种疫苗后，建议在接种机构延长观察时间，以免出现特别严重的过敏反应，在医疗机构相对比较容易治疗。如果是正在过敏的急性期，比如因为吃了食物之后出现哮喘，或者出现了全身严重的荨麻疹，湿疹很严重，甚至局部有溃烂等情况，则疫苗接种可以暂缓，等急性期过去之后再根据医嘱进行接种。

孩子生病了能接种疫苗吗？

如果孩子到了接种疫苗的时间却生病了，还能继续接种疫苗吗？很多家长都有这样的疑问，接种了怕对孩子的身体有副作用，不接种错过接种时间又不知道如何补种。那么到底该如何选择呢？

孩子生病期间是不建议接种疫苗的，由于疫苗是减毒或者灭活的病毒或者细菌，所以要求孩子接种时身体是健康的状态。如果孩子在生病期间接种疫苗，由于疫苗本身会产生一些不良反应，孩子的病情会进一步加重，同时也不利于对孩子疾病的判断。除此之外，孩子在生病期间的抵抗力也比较弱，这时进行疫苗的接种会影响机体产生抗体，降低接种疫苗的效果。因此，孩子在患病期间是不宜接种疫苗的，应该等到孩子痊愈一周之后再进行接种。

孩子如果患有慢性疾病，不一定不能接种疫苗，也不一定非要等到慢性疾病痊愈之后才能接种疫苗，应该看孩子患的是何种慢性疾病。如果是有免疫缺陷的疾病，则不能接种；如果是一般的慢性病，而且处在慢性病的平稳期，可以向医生说明孩子的情况，根据医嘱进行接种。

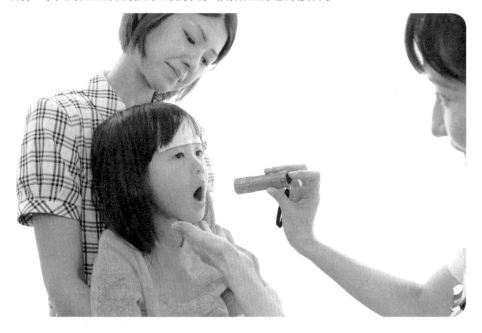

接种疫苗后可以服用抗生素吗？

抗生素对大多数疫苗的免疫反应没有什么影响，因为这些疫苗大多是灭活或者减毒的，不会受到抗生素的影响。只有口服的减毒伤寒疫苗在接种后不要服用磺胺类药物和其他抗生素，接种减毒伤寒疫苗需要正在使用抗生素治疗的患者在抗生素治疗停止 24 小时后再接种。

但是，目前抗生素的耐药性在全球医疗中已演变成一个大问题，家长们一定不要给孩子自行服用抗生素，否则容易破坏孩子自身的免疫系统。

接种疫苗后还得病，是不是疫苗无效？

所有被制造出来的疫苗都有对应可防护的病毒，其保护期在原则上根据个人体质而不同。到目前为止，还没有一种疫苗可以验证所有的孩子打完疫苗之后都能够被保护，也就是说，没有一种疫苗能够保证接种以后就一定能让人体产生足够的免疫力，保证孩子一定不生病。各种疫苗都是有一定效果的，绝大多数孩子在接种疫苗后可以预防各种疾病，如麻疹、脊髓灰质炎、白喉等。但是，疫苗也不一定对所有人都有效果，对极少数人而言，疫苗几乎没有什么效果。